新型液相微萃取技术
在食品农药残留
分析中的应用

荆 旭 著

中国轻工业出版社

图书在版编目（CIP）数据

新型液相微萃取技术在食品农药残留分析中的应用 /
荆旭著. —北京：中国轻工业出版社，2023.9
ISBN 978-7-5184-4476-2

Ⅰ.①新… Ⅱ.①荆… Ⅲ.①液相—萃取—应用—食
品污染—农药残留量分析 Ⅳ.①TS207.5

中国国家版本馆CIP数据核字（2023）第119674号

责任编辑：马　妍　　责任终审：李建华
文字编辑：巩孟悦　　责任校对：晋　洁　　封面设计：锋尚设计
策划编辑：马　妍　　版式设计：砚祥志远　　责任监印：张京华

出版发行：中国轻工业出版社（北京东长安街6号，邮编：100740）
印　　刷：北京君升印刷有限公司
经　　销：各地新华书店
版　　次：2023年9月第1版第1次印刷
开　　本：720×1000　1/16　印张：16
字　　数：322千字
书　　号：ISBN 978-7-5184-4476-2　定价：128.00元
邮购电话：010-65241695
发行电话：010-85119835　传真：85113293
网　　址：http://www.chlip.com.cn
Email：club@chlip.com.cn
如发现图书残缺请与我社邮购联系调换
221348K1X101ZBW

前 言

样品前处理对农药残留分析至关重要。各类新型吸附材料的开发使得固相萃取和固相微萃取技术在世界范围内蓬勃发展，然而液相萃取和液相微萃取技术发展相对缓慢，主要制约于新型溶剂的开发。随着疏水低共熔溶剂的出现，人们逐渐将目光转移到设计具有特定功能的新型溶剂，使得具有简单和快速优势的液相微萃取技术迎来了新的机遇和挑战。

本书共九章，其中第一章为绪论，介绍液相微萃取原理与分类，萃取剂的分类，分散技术、分离技术、收集技术的发展，萃取条件的选择；第二章至第七章为分散液液微萃取技术的应用，介绍分散剂辅助、新型分散剂辅助、涡旋辅助、空气辅助、蒸发辅助、泡腾辅助、泡腾片辅助、磁泡腾片辅助的分散液液微萃取技术；第八章为均相液液微萃取技术的应用；第九章为其他萃取技术的应用。本书综合作者近五年有关液相微萃取技术在食品农药残留分析中的应用研究成果，旨在为从事样品前处理、农药残留分析领域的科研人员提供参考。

感谢研究生黄鑫、王慧慧、薛皓月、赵文霏、蒋海娟、郭燕、张卓婷、武蓓琪、杨宏园、王敏以及本科生张嘉莹、杨璐、曹晨阳、王玥、杨婧睿、任丽媛、程晓宇、贺娇辉、杜志毅、郭正艳为本书的编写所做的工作。

本书的出版得到了国家自然科学基金（32202161）和山西省重点研发计划项目（202102140601018）的资助。

限于作者的水平和时间，书中难免存在疏漏之处，敬请广大读者批评指正。

编 者

2023.5

目 录

第一章
绪论

第一节
液相微萃取技术

《农药管理条例》将农药定义为用于预防、控制危害农业、林业的病、虫、草、鼠和其他有害生物以及有目的地调节植物、昆虫生长的化学合成或者来源于生物、其他天然物质的一种物质或者几种物质的混合物及其制剂。

农药残留是施用农药后所产生的必然现象。农药残留分析是对待测样品中微量的农药残留进行定性和定量分析的方法。农药残留前处理技术是农药残留分析中的重要组成部分，在农药残留分析中最耗时、最费力、经济花费最大，其效果直接影响分析方法的准确度、灵敏度和选择性，并影响分析仪器的寿命。液相微萃取、固相微萃取、基质固相分散、QuEChERs等前处理方法的引入，使农药残留分析更加简便、减少了试剂的使用量，提高了分析效率。

目前最广泛使用的前处理技术是液液萃取技术和固液萃取技术，但是这两种方法耗时较长，需要消耗大量的有机溶剂，还常需要进一步蒸发和复溶，因此开发了液相微萃取技术和固相微萃取技术。液相微萃取技术是小型化的液液萃取技术，只使用微升级别的溶剂完成萃取过程。液相微萃取依据相平衡原理，在萃取过程中目标物在样品相和萃取剂相之间发生分配，最终达到相平衡。固相微萃取只使用少量的固体吸附剂完成萃取过程，吸附剂既可以选择性吸附目标物也可以选择性吸附干扰物，吸附剂可以直接进气相色谱分析也可以用溶剂解吸后再进样分析。液相微萃取相比于固相微萃取，最突出的优点是具有更快的提取速度。此外，液相微萃取无须制备特殊材料，所以成本更低、更容易重复、不存在交叉污染。液相微萃取在食品样品前处理领域具有广阔的应用前景。

根据萃取剂与样品接触方式的不同，液相微萃取可主要分为单滴微萃取（single drop microextraction，SDME）、中空纤维液相微萃取（hollow fiber liquid phase microextraction，HFLPME）、分散液液微萃取（dispersive liquid−liquid microextraction，DLLME）和均相液液微萃取（homogeneous liquid−liquid microextraction，HLLME）四大类。

一、单滴微萃取

单滴微萃取是最古老的液相微萃取技术。1996年，阿尔伯塔大学的Jeannot首次提出溶剂微萃取技术的概念，并首次报道了单滴微萃取技术，在聚四氟乙烯小棒的空心下端中加入8μL辛烷，浸入含有样品的1mL小瓶中，磁力搅拌器辅助萃取对甲基苯乙酮，最后将1μL的辛烷进气相色谱分析（图1-1）。1997年，该课题组用气相色谱进样针替代了聚四氟乙烯小棒，气相色谱进样针既可以实现液滴的控制，也可以实现液滴的进样。2000年，出现了顶空单滴微萃取技术，将滴液悬挂在样品上方可提取挥发和半挥发性物质，由于不与样品直接接触，液滴不易从针头掉下，进入液滴的干扰物也较少。

目前，单滴微萃取通常是将2~3μL的萃取剂推出进样针，直接浸没在样品中或悬挂在样品上方完成萃取，萃取完成后将萃取剂吸回进样针，最后进仪器分析。单滴微萃取的优点为极大地富集因子，缺点为液滴不稳定，易发生脱落和挥发。单液微萃取也可以在非平衡状态下进行，这将有助于缩短磁力搅拌、机械振动、超声、加热等辅助萃取时间。

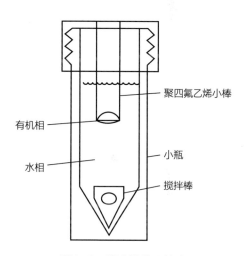

图1-1　单滴微萃取技术

聚四氟乙烯小棒

有机相

水相

小瓶

搅拌棒

二、中空纤维液相微萃取

1999年，奥斯陆大学的Pedersen-Bjergaard首次报道中空纤维液相微萃取技术，在8cm长的一次性聚丙烯中空纤维壁孔中注入辛醇形成一层疏水液膜，在中空纤维腔中注入稀释的盐酸溶液，将该中空纤维浸入含有2.5mL碱性样品的4mL小瓶中，形成三相体系，磁力搅拌器辅助萃取甲基苯丙胺，此时目标物先以分子形式进入疏水的辛醇液膜，再以离子形式保留在盐酸溶液中，最后进毛细管电泳分析（图1-2）。中空纤维有分子筛作用和选择透过性，具有两类不同的空间（壁孔和空腔），可存放单一溶剂或者不相溶的两种溶剂，如果同时注入十二烷和甲

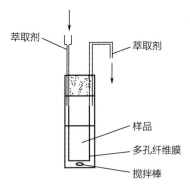

萃取剂

萃取剂

样品

多孔纤维膜

搅拌棒

图1-2　中空纤维液相微萃取技术

醇，便可直接进高效液相色谱分析。将中空纤维与恒流泵相连，可使样品相与萃取剂相发生相对运动，提高萃取效率。

目前，中空纤维液相微萃取通常采用聚丙烯、聚四氟乙烯和聚偏氟乙烯作为中空纤维。选择壁孔孔隙为0.2μm的中空纤维，既有助于固定萃取剂，也有助于保持开放结构使目标物顺利通过。与单滴微萃取相比，中空纤维液相微萃取同时具有萃取、富集和净化的作用，所以能更好地适用于复杂样品。因为中空纤维液相微萃取中的萃取剂不与样品直接接触，所以可以承受更高速的搅拌，并不会出现萃取剂的损失。单滴微萃取和中空纤维液相微萃取都需要较长的平衡时间，中空纤维液相微萃取的缺点还涉及中空纤维表面产生的气泡对重复性的潜在影响。

三、分散液液微萃取

分散液液微萃取是目前应用最广泛的液相微萃取技术。2006年，伊朗科技大学的Rezaee首次报道分散液液微萃取技术，采用1mL注射器将8μL萃取剂（四氯乙烯）与1mL分散剂（丙酮）的混合溶剂快速打入含有5mL样品的10mL玻璃离心管中萃取多环芳烃，随之出现了可以长时间稳定的浑浊溶液，离心1.5min后取2μL的四氯乙烯进气相色谱分析（图1-3）。分散液液微萃取使用的分散剂需要与萃取剂和样品均互溶，且在样品中的溶解度更大。

目前，分散液液微萃取通常是将萃取剂和分散剂的混合溶液快速注入样品，萃取剂在分散剂的作用下在样品中形成分散的细小液滴，形成萃取剂-分散剂-样品三相浑浊溶液，从而增大了萃取剂和目标物的接触面积，使目标物在样品相及萃取剂相之间快速达到分配平衡而完成萃取。与单滴微萃取和中空纤维液相微萃取相比，极大的接触面积使分散液液微萃取具有显著的速度优势，可以瞬间完成整个萃取过程。但分散液液微萃取常需要额外使用100μL到1mL的分散剂，增加了溶剂的消耗。

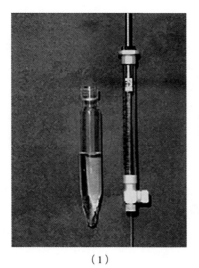

（1）   （2）

图1-3 分散液液微萃取技术

（1）分散液液微萃取前的样品 （2）分散液液微萃取后的样品

四、均相液液微萃取

1973年，肯塔基大学的Matkovich首次报道均相液液萃取技术，筛选出氯化钙、氯化镁和蔗糖为高效的盐析试剂，实现了均相体系中丙酮和水的分离。2009年，拉尼·杜尔加瓦蒂大学的Gupta首次报道了均相液液微萃取技术，采用少量的乙腈作为萃取剂，硫酸铵作为盐析试剂，萃取了水样中的羰基化合物，最后使用高效液相色谱分析。

目前，均相液液微萃取是基于相分离的现象，在样品中加入少量亲水溶剂形成均相，可以认为此时样品相和萃取剂相产生了无限大的接触面积，所以无须剧烈振荡混合就完成了目标物向萃取剂的分配，再通过物理或化学方法实现相分离。目前，常用的萃取剂是亲水的乙腈、丙酮、乙醇和丙醇。常用的盐析试剂是钾、钠和铵的硝酸盐、硫酸盐、氯化物和碳酸盐，盐析试剂降低了萃取剂在水中的溶解度，导致相分离。除了最常规的加盐的方法，还可以通过加糖、改变温度、改变pH等方法实现相分离。对比均相液液微萃取与分散液液微萃取的原理可以发现，均相液液微萃取是先形成均相再相分离，而分散液液微萃取始终都是两相的浑浊溶液，没有出现过均相。由于萃取剂不同，均相液液微萃取比分散液液微萃取更适用于强极性目标物的萃取。均相液液微萃取的速度仅次于分散液液微萃取，可以快速完成相分离和整个萃取过程。

第二节
萃取剂

一、传统溶剂

分散液液微萃取最常使用的萃取剂依次是氯仿、四氯化碳、氯苯、四氯乙烯、二氯甲烷、四氯乙烷，但这些溶剂普遍具有毒性大、水溶性强等缺点，所以开发了各种新型溶剂用作分散液液微萃取的萃取剂。

二、离子液体

离子液体是完全由阴阳离子组成的，在室温或邻近温度下呈液体的化合物，常被用作传统毒性有机溶剂的替代溶剂。离子液体都具有良好的热稳定性、低可燃性、可忽略的蒸气压。通过选择不同的离子组分，可以调节离子液体的物理化学性质（凝固点、黏度、密度、水溶性等），所以离子液体是一种可设计的溶剂。离子液体的阳离子包括咪唑阳离子、吡啶阳离子、季铵阳离子、季镃阳离子等，阴离子包括四氟硼酸根阴离子、六氟磷酸根阴离子等。商品化的离子液体价格昂贵，并且纯度有限。

三、脂肪醇和脂肪酸

脂肪醇和脂肪酸是烷烃分子中的氢原子分别被羟基和羧基取代而生成的化合

物，在自然界中存在极为广泛，几乎遍及一切生物，可通过动植物油脂水解获得。脂肪醇包括辛醇、癸醇、十一醇、十二醇等，脂肪酸包括己酸、庚酸、辛酸、壬酸、癸酸等。

四、生物衍生溶剂

生物衍生溶剂是生物质通过生物精炼得到的一类溶剂，生物质的来源包括能源作物（玉米等）、林产品（木材等）、水生生物质（藻类等）、垃圾（城市垃圾等）。生物衍生溶剂具有低毒、可再生、可生物降解的特点，包括愈创木酚、α-蒎烯、4-异丙基甲苯、双戊烯、对二甲苯和苯甲醚等。

五、低共熔溶剂

近年来，低共熔溶剂被认为是传统有机溶剂的绿色替代品，引起了多个领域研究者的关注。2001年，莱斯特大学的Abbot报道了金属盐（氯化锌）和氯化胆碱的混合物在低于 100℃的条件下可以形成液体。2003年，Abbot又报道了氯化胆碱和尿素的混合物在室温下为液态，凝固点远低于单独组分的凝固点，并称之为低共熔溶剂。2015年，具有高疏水性的低共熔溶剂癸酸-季铵盐、薄荷醇-天然羧酸相继被报道，由于可以从水溶液中提取非极性化合物，低共熔溶剂引起了广泛关注。

低共熔溶剂的制备方法特别简单，可以在100℃以下加热或者冻干制备，不需要复杂的纯化过程和苛刻的反应条件。用于制备低共熔溶剂的氢键受体和氢键供体往往是廉价的、低毒的、可生物降解的，如氯化胆碱、天然羧酸、糖、氨基酸等。在氢键形成后出现了新的超分子结构，所以不能简单地认为天然产物制备的低共熔溶剂对生物体的毒性均较低。此外，研究表明氯化胆碱-乙二醇在180℃时不稳定，热分解会产生三甲胺、2-氯乙醇等有害产物。

含有离子组分的低共熔溶剂称为离子液体类似物，因为该类低共熔溶剂具有与离子液体类似的特征，如低挥发性、在较宽的温度范围内保持液态、对很多化合物都有较高的溶剂化能力。与离子液体相比，低共熔溶剂具有较低的毒性、较高的生物降解性、较容易制备和较低的材料成本等优点。低共熔溶剂还具有很强的可设计性，通过改变氢键受体和氢键供体的类型和摩尔比，可以改变低共熔溶剂的物理化学性质，包括黏度、密度、极性、凝固点和表面张力。黏度主要受氢键受体和氢键供体类型的影响，较大的氢键体系导致了低共熔溶剂的流动性差，升高温度可以降低黏度。密度主要受摩尔比的影响，氢键受体与氢键供体的摩尔比上升，会导致密度的下降。值得注意的是，将衍生化试剂、氧化剂、还原剂、显色剂作为低共熔溶剂的氢键受体或供体，可以获得具有特定的功能和应用的低共熔溶剂。

第三节
分散技术

一、分散剂辅助

传统分散液液微萃取的分散过程是通过分散剂实现的。分散液液微萃取最常使用的分散剂依次是甲醇、乙腈、丙酮、乙醇。极大的接触面积使分散剂可以瞬间完成萃取剂的分散，但使用分散剂会减少目标物向萃取剂相中的分配，并增加毒性溶剂的用量。开发高效低毒的分散剂、减少分散剂的用量是分散剂辅助技术的发展方向。

二、超声辅助

超声辅助是通过超声波实现萃取剂在样品中的分散。2006年，武汉大学的Huang首次报道了超声辅助分散液液微萃取技术，将20μL萃取剂（四氯化碳）加入含有2mL样品的小瓶中萃取一氧化氮的衍生物，超声2.5min辅助四氯化碳分散，离心3min后取四氯化碳进高效液相色谱分析。2008年，圣地亚哥德孔波斯特拉大学的Regueiro也报道了超声辅助分散液液微萃取技术，将100μL萃取剂（氯仿）加入含有10mL样品的15mL玻璃离心管中萃取合成麝香、邻苯二甲酸酯和林丹，超声

10min辅助氯仿分散，离心3min后取氯仿进气相色谱串联质谱分析。但超声辅助会产生热量，萃取过程中可能会导致目标物的热解。

三、涡旋辅助

涡旋辅助是通过旋转运动实现萃取剂在样品中的分散。2010年，克里特理工大学的Yiantzi首次报道了涡旋辅助分散液液微萃取技术，将50μL萃取剂（辛醇）加入含有20mL样品的玻璃瓶中萃取烷基酚，涡旋2min辅助辛醇分散，离心2min后取辛醇进高效液相色谱分析。涡旋搅拌增大了传质的界面面积，缩短了扩散距离，可以快速达到分配平衡，与超声辅助相比，涡旋辅助的萃取时间更短。

四、空气辅助

空气辅助是通过反复抽打注射器产生空气气泡实现萃取剂在样品中的分散。2012年，大不里士大学的Farajzadeh首次报道了空气辅助分散液液微萃取技术，将15μL萃取剂（四氯乙烷）加入含有5mL样品的玻璃离心管中萃取邻苯二甲酸酯，将样品和萃取剂的混合溶液快速吸入10mL注射器再打入离心管，重复抽打8次辅助四氯乙烷分散，离心4min后取四氯乙烷进气相色谱分析。与超声辅助和涡旋辅助相比，空气辅助不需要使用特殊设备，可以在现场萃取，但每次抽打的强度会存在误差，并且不能同时萃取多个样品。

五、泡腾辅助

泡腾辅助是通过泡腾反应产生二氧化碳气泡实现萃取剂在样品中的分散。2014年，科尔多瓦大学的Lasarte-Aragonés首次报道了泡腾辅助分散液液微萃取技术，将2500μL碳酸钠溶液和250μL萃取剂（冰乙酸-辛醇-四氧化三铁磁性纳米粒子）依次加入含有20mL样品的玻璃瓶中萃取除草剂，泡腾反应产生大量的二氧化碳，在5s内完成了辛醇和四氧化三铁磁性纳米粒子的分散，在外加磁场的条件下分离辛醇和四氧化三铁磁性纳米粒子，用100μL甲醇洗脱，取洗脱液进气相色谱串联质谱

（GC-MS）分析（图1-4）。如果将液态的质子供体（冰乙酸等）替换为固态的质子供体（柠檬酸等），就可以将泡腾反应的所有反应物按比例在研钵中预先混合，再称量一定质量的反应物用红外压片机制备泡腾片，通过泡腾片在样品中崩解产生二氧化碳气泡实现萃取剂在样品中的分散。如果将磁性纳米粒子也与泡腾反应的反应物预先混合，可以制备成磁泡腾片，通过磁泡腾片在样品中崩解产生二氧化碳气泡并释放磁性纳米粒子实现萃取剂在样品中的分散和磁分离。泡腾辅助、泡腾片辅助和磁泡腾片辅助都可以将萃取时间控制在1min之内，并且不需要使用特殊设备，可以在现场萃取。与泡腾辅助相比，泡腾片辅助和磁泡腾片辅助操作更加简便，但需要使用压片机提前制备泡腾片和磁泡腾片。

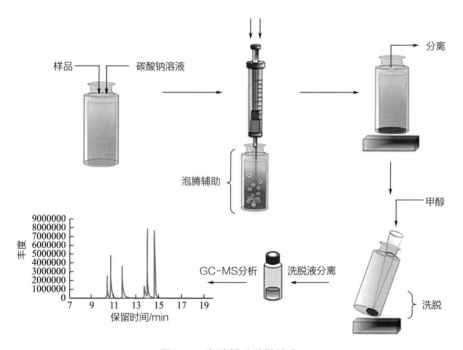

图1-4   泡腾辅助分散技术

六、蒸发辅助

蒸发辅助是通过溶剂蒸发实现萃取剂在样品中的分散。2017年，圣彼得堡国立大学的Timofeeva首次报道了蒸发辅助分散液液微萃取技术，将200μL低密度的萃取剂（己醇）与200μL高密度的低沸点溶剂（二氯甲烷）的混合溶剂加入含有10mL

样品的玻璃离心管中萃取有机磷农药，加入150mg助沸剂（葡萄糖），70℃加热1min，二氯甲烷气泡和己醇均向上运动辅助己醇分散，取己醇进高效液相色谱串联质谱（HPLC-MS/MS）分析（图1-5）。蒸发辅助可以同时萃取大量的样品，但需要使用低沸点的溶剂和加热设备。

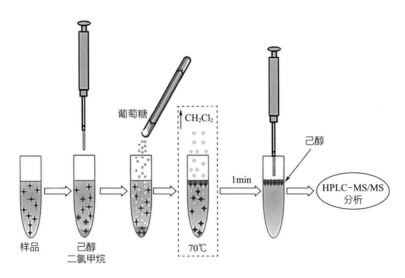

图1-5　蒸发辅助分散技术

第四节
分离技术

一、去乳化分离

离心是破乳和实现相分离的重要手段，也是分散液液微萃取过程中最耗时的步骤。离心既使用了额外的设备，也消耗了额外的时间。2010年，华中农业大学的Chen首次报道了去乳化剂与分散液液微萃取相结合的技术，采用1mL注射器将15μL萃取剂（甲苯）与0.5mL分散剂（乙腈）的混合溶剂快速打入含有5mL样品的5mL容量瓶中萃取氨基甲酸酯类农药，溶液变浑浊后，再打入0.5mL去乳化剂（乙腈），无须离心就将浑浊溶液快速分为两相，取1μL甲苯进气相色谱串联质谱分析（图1-6）。去乳化分离将去乳化剂打入萃取剂和样品的浑浊溶液，可以破坏乳化，诱导相分离。去乳化剂的选择常与分散剂的选择相同，其他溶剂也可以作为去乳化剂，去乳化剂应该具有高的表面活性和低的表面张力，这样可以在较大的范围内扩散以去乳化和诱导相分离。最常用的去乳化剂是乙腈，可作为去乳化剂的溶剂还有甲醇、乙醇、丁醇、丙酮等，此外，水也是一种去乳化剂。去乳化剂可以缩短分离时间，但引入大体积的去乳化剂也可能会破坏原有的分配平衡。

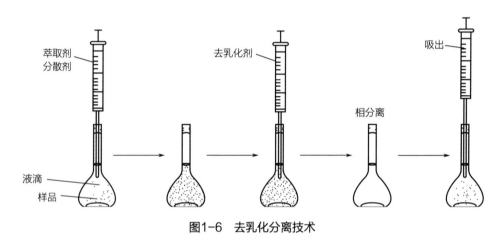

萃取剂
分散剂

去乳化剂

吸出

相分离

液滴

样品

图1-6　去乳化分离技术

二、磁分离

2004年，东京大学的Hayashi首次报道了磁性离子液体，以1-丁基-3-甲基咪唑氯盐和氯化铁合成的离子液体对外加磁场有很强的响应（图1-7）。2017年，伊拉姆大学的Khezeli首次报道了磁性低共熔溶剂，在室温条件下合成了对外加磁场有响应的两种低共熔溶剂氯化胆碱-苯酚-氯化铁和氯化胆碱-乙二醇-氯化铁。过渡金属（铁、钴、锰、镍、铬、锌）、稀土（钆、钕、镝）、自由基都可以用于合成具有磁性的功能化溶剂，在外加磁场的条件下，可以被快速分离。磁性低共熔溶剂比磁性离子液体的合成条件温和，但是磁性相对较弱，所以常需要额外加入羰基铁粉，增强磁性低共熔溶剂的磁性，缩短磁分离的时间。此外，可以通过加入磁性纳米粒子实现非磁性溶剂的磁分离。

图1-7 磁分离技术

第五节
收集技术

一、特殊容器收集

2009年，大不里士大学的Farajzadeh报道了特殊容器收集与分散液液微萃取相结合的技术，采用2mL注射器将100μL萃取剂（环己烷）与2mL分散剂（丙酮）的混合溶剂快速打入含有7.5mL样品的自制容器中萃取有机磷农药，溶液变浑浊，离心4min后，采用注射器从容器底部的隔膜自下而上注入1mL蒸馏水，萃取剂液面上升到了容器顶部的窄口区域，最后取0.4μL环己烷进气相色谱分析（图1-8）。同年，塔比阿特莫达勒斯大学的Saleh也报道了特殊容器收集与分散液液微萃取相结合的技术，采用注射器从自制的玻璃离心管顶部的开口自上而下注入蒸馏水，同样将萃取剂液面上升到了离心管顶部的窄口区域，实现了萃取剂的收集。由于特殊容器常需要自制，无法直接购买，且不易清洗，使特殊容器的收集方法具有一定的局限性。商品化的巴氏吸管也可以作为分散液液微萃取的特殊容器，将巴氏吸管内径较小的一端朝上，内径较大的一端朝下，轻轻挤压便将萃取剂液面上升到了巴氏吸管的窄口区域，实现了萃取剂的收集，但巴氏吸管存在无法与离心技术相结合的缺陷。

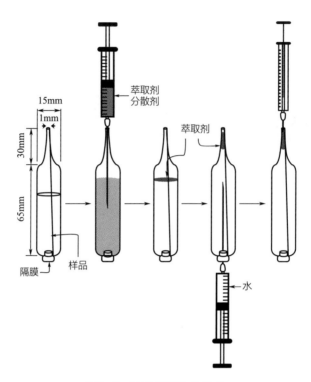

图1-8 特殊容器收集技术

二、固化收集

2007年，塔比阿特莫达勒斯大学的Zanjani首次报道了固化收集技术，采用25μL的注射器将8μL的十一醇转移到含有20mL样品的21mL小瓶中，磁力搅拌辅助萃取多环芳烃，十一醇全程完整地保持在样品上层的中心位置，随后将小瓶放入装有冰块的烧杯中，5min后十一醇固化，再将十一醇转移到室温下快速熔化，最后取2μL的十一醇进气相色谱分析（图1-9）。2008年，Leong首次报道了固化收集与分散液液微萃取相结合的技术，采用1mL注射器将10μL萃取剂（十二醇）与0.5mL分散剂（丙酮）的混合溶剂快速打入含有5mL样品的10mL玻璃管中萃取卤代有机化合物，溶液变浑浊，离心5min后将玻璃管放入装有碎冰块的烧杯中，5min后十二醇固化，在室温下快速熔化，最后取3μL和2μL的十二醇分别进气相色谱和气相色谱串联质谱分析。

固化技术解决了轻溶剂在离心管中难以收集的问题，可以使用固化技术的萃取剂需要具备接近室温的凝固点（10~30℃），所以常用的萃取剂只有癸醇（6℃）、十一醇（13~15℃）、十二醇（17~24℃）、十一酸（29℃）、溴代十六烷（17~18℃）、环己醇（26℃）、十六烯（18℃）。轻溶剂在完成萃取过程后漂浮在上层，放入冰浴数分钟后固化，最后收集萃取剂相分析。

在实际应用中，无论萃取剂的凝固点低于或高于室温，都能用到固化技术。萃取剂的凝固点略低于室温时，可以在室温条件下萃取，随后在冰浴条件下固化萃取剂；萃取剂的凝固点高于室温时，可以在水浴加热条件下萃取，随后在室温条件下固化萃取剂。值得注意的是，在冰浴条件下固化萃取剂后，萃取剂在转移过程中脱离了冰浴环境，容易熔化并导致萃取剂收集不完全，因此转移过程需要快速完成，而在室温条件下固化萃取剂后，萃取剂在转移过程中不会熔化，因此转移过程可以在更充足的时间内完成。

其实，只要萃取剂与样品的凝固点差异较大，就能用到固化技术。萃取剂的凝固点高于样品时，可以只固化萃取剂而不固化样品；萃取剂的凝固点低于样品时，可以只固化样品而不固化萃取剂。

固化收集具有操作简单的优点，对于小体积的萃取剂，也可以实现完全收集。与特殊容器收集相比，固化技术无须制备特殊容器，实用性更强，但固化技术会增加萃取剂收集过程所用的时间。

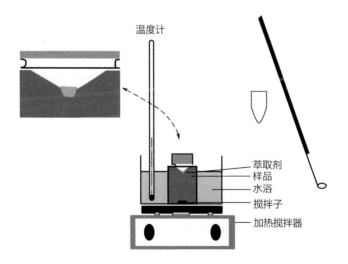

图1-9　固化收集技术

第六节
萃取条件

分散液液微萃取的萃取条件（如萃取剂种类、萃取剂体积、分散剂种类、分散剂体积、萃取时间、样品体积、氯化钠用量、pH、温度）会对萃取效率、富集因子和净化效果产生影响。

1. 萃取剂种类

萃取剂种类是萃取过程中最重要的影响因素，萃取剂在样品中的溶解度要低，对目标物的溶解能力要强，且具备较大的分配系数（目标物在萃取剂相和样品相中的浓度比）、较高的沸点、较低的毒性，并与分析仪器具有较好的兼容性。由于常采用离心方法分离萃取剂与样品，所以萃取剂的密度最好与样品的密度相差较大。

2. 萃取剂体积

随着萃取剂体积的增加，萃取效率应逐渐上升。当目标物已经充分转移到萃取剂中，随着萃取剂体积的进一步增加，萃取效率不再上升，但富集因子和方法灵敏度逐渐下降。萃取剂体积过小，不便于萃取剂的收集和分析仪器的检测；萃取剂体积过大，可能降低分散效果、涡旋辅助效果等。

3. 分散剂种类

甲醇、乙腈、丙酮常作为分散剂，分散剂种类影响萃取剂在样品中分散成小液滴的行为以及溶液的浑浊程度。

4. 分散剂体积

分散剂体积影响萃取剂的分散程度。随着分散剂体积的增加，萃取效率应先上升后下降。分散剂体积过小，不利于萃取剂充分分散，溶液不能完全浑浊；分散剂体积过大，随着大量的分散剂溶解到样品中，目标物和萃取剂在样品中的溶解度增大，导致目标物和萃取剂的损失。

5. 萃取时间

萃取时间是指从萃取剂加入样品到离心之前所经历的时间。最佳萃取时间是目标物在萃取剂相和样品相之间达到平衡所需要的最短时间。随着萃取剂时间的增加，目标物在萃取剂相和样品相之间逐渐达到分配平衡，萃取效率应逐渐上升。当目标物已经充分转移到萃取剂中，随着萃取剂时间的进一步增加，萃取效率不再上升。萃取剂时间过长，不仅增加时间成本，还可能导致萃取剂因挥发而损失，萃取效率下降，并影响重复性。

6. 样品体积

萃取过程中常增加样品与萃取剂的相比率，以获得较大的富集因子。随着样品体积的增加，更多的目标物会保留在样品中，萃取效率应先稳定再下降，或逐渐下降。

7. 氯化钠用量

由于盐析作用，萃取过程中常添加氯化钠来提高萃取效率。随着氯化钠用量的增加，萃取效率既可能先上升后下降，也可能保持不变，也可能逐渐下降。氯化钠会降低目标物和萃取剂在样品中的溶解度，使目标物在萃取剂中的分配增加。氯化钠用量过多，会导致样品黏度增大，萃取效率下降。

8. pH

对于可电离的目标物，样品的 pH 会影响目标物的离子化程度，进而影响萃取效率。调节样品的pH与目标物的等电点相差2个单位，可以确保目标物以非离子化形态存在，提高萃取效率。

9. 温度

温度对动力学和热力学过程都有影响。随着温度的升高，目标物的传质速率增大，平衡时间缩短，但目标物的分配系数改变，使目标物在萃取剂中的分配减少。温度的增加还会导致萃取剂挥发速率增大，目标物和萃取剂在样品中的溶解度增大，导致目标物和萃取剂的损失，所以萃取过程一般在室温下进行。

第二章

分散剂辅助分散液液微萃取技术的应用

第一节
离子液体-分散剂辅助DLLME-固化技术

本节选取离子液体（1-丁基-3-甲基咪唑六氟磷酸盐、1-辛基-3-甲基咪唑六氟磷酸盐和1-己基-3-甲基咪唑六氟磷酸盐）作为萃取剂，分散剂（乙腈）辅助分散，水相固化收集萃取剂，建立了一种离子液体-分散剂辅助DLLME-固化技术。采用高效液相色谱-二极管阵列检测器（HPLC-DAD）进行定量分析。最终，将该前处理和检测技术应用于食用菌（双孢菇、香菇、木耳和金针菇）中拟除虫菊酯类杀虫剂（氟氰戊菊酯、高效氯氰菊酯和氰戊菊酯）的残留分析（DLLME为分散液液微萃取）。

一、实验方法

1. 试样的制备

将1g粉碎后的食用菌样品加入10mL离心管中，再加入2mL乙腈，涡旋2min，收集上清液并通过0.45μm的滤膜，制得样品溶液。

2. 萃取步骤

将5mL超纯水和50mg 氯化钠加入10mL离心管中，然后快速注入175μL的1-己基-3-甲基咪唑六氟磷酸盐（萃取剂）和1000μL样品溶液（分散剂）的混合溶液，完成分散液液微萃取过程，此时拟除虫菊酯类杀虫剂从分散剂中转移到萃取剂中。将离心管在4000r/min的转速下离心2min，然后置于-20℃冰箱中。待上层水相从液态转化为固态后，用冷冻前置于离心管中的枪头收集萃取剂到色谱进样瓶中。

3. 检测步骤

拟除虫菊酯类杀虫剂（氟氰戊菊酯、高效氯氰菊酯和氰戊菊酯）的分析采用安捷伦1260高效液相色谱-二极管阵列器。进样量为20μL，流动相为乙腈和水（95:5），流速为0.5mL/min，色谱柱为安捷伦ZORBAX Eclipse Plus C_{18}色谱柱（50mm×4.6mm，5μm），柱温为20℃，检测波长为230nm。色谱图如图2-1所示，氟氰戊菊酯（1）、高效氯氰菊酯（2）和氰戊菊酯（3）的保留时间分别为8.5min、9.5min和13.1min。

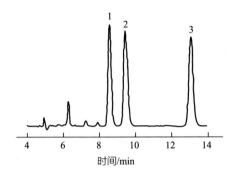

图2-1　氟氰戊菊酯（1）、高效氯氰菊酯（2）和氰戊菊酯（3）的色谱图

二、结果与讨论

1. 前处理条件的优化

考察了乙腈体积分别为1mL、2mL、3mL、4mL、5mL对萃取效率的影响。结果如图2-2（1）所示，随着乙腈体积的增加，萃取效率先上升后下降。当乙腈体积为2mL时，回收率最高。因此，本实验选择2mL作为乙腈体积。

考察了涡旋时间分别为0min、1min、2min、3min、5min、7min、10min对萃取效率的影响。结果如图2-2（2）所示，随着涡旋时间的增加，萃取效率先上升后下降。当涡旋时间为2min时，回收率最高。因此，本实验选择2min作为涡旋时间。

考察了萃取剂种类分别为1-丁基-3-甲基咪唑六氟磷酸盐（［BMIM］PF₆）、1-辛基-3-甲基咪唑六氟磷酸盐（［OMIM］PF₆）、1-己基-3-甲基咪唑六氟磷酸盐（［HMIM］PF₆）对萃取效率的影响。结果如图2-2（3）所示，当萃取剂为1-己基-3-甲基咪唑六氟磷酸盐时，回收率最高。因此，本实验选择1-己基-3-甲基咪唑六氟磷酸盐作为萃取剂。

考察了萃取剂体积分别为125μL、150μL、175μL、200μL、225μL对萃取效率的影响。结果如图2-2（4）所示，随着萃取剂体积的增加，萃取效率先上升后下降。当萃取剂体积为175μL时，回收率最高。因此，本实验选择175μL作为萃取剂体积。

考察了氯化钠用量分别为0mg、30mg、50mg、100mg、150mg、200mg、250mg、300mg对萃取效率的影响。结果如图2-2（5）所示，随着氯化钠用量的增加，萃取效率先上升后下降。当氯化钠用量为50mg时，回收率最高。因此，本实验选择50mg作为氯化钠用量。

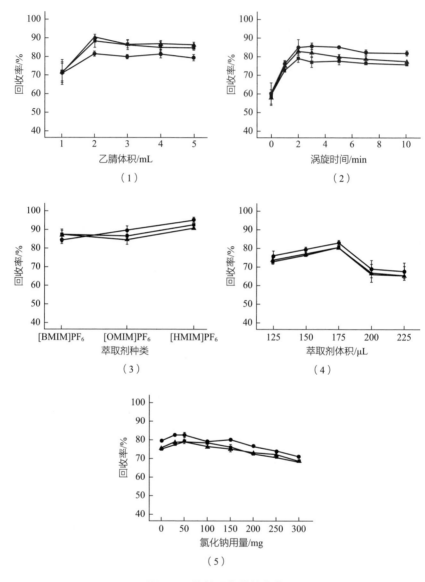

图2-2　前处理条件的优化

2. 方法评价

在优化后的提取和检测条件下，对所建立方法的校正曲线、决定系数、检出限和定量限进行了评价。以样品质量浓度为横坐标，平均峰面积为纵坐标，计算校正曲线，如表2-1所示，在0.05~5mg/kg质量浓度范围内决定系数R^2大于0.999。以3倍信噪比计算检出限（LOD）为0.0010~0.0014mg/kg，以10倍信噪比计算定量限（LOQ）为0.0032~0.0047mg/kg，表明该方法具有良好的线性范围和灵敏度。

表2-1 拟除虫菊酯类杀虫剂在食用菌中的校正曲线、检出限和定量限

农药	样品	校正曲线	R^2	LOD/（mg/kg）	LOQ/（mg/kg）
氟氰戊菊酯	双孢菇	$y = 5.103x - 14.51$	0.999	0.0012	0.0039
	香菇	$y = 6.111x - 25.40$	0.999	0.0014	0.0046
	木耳	$y = 5.554x + 24.73$	0.999	0.0011	0.0036
	金针菇	$y = 5.473x + 17.88$	0.999	0.0010	0.0034
高效氯氰菊酯	双孢菇	$y = 5.009x - 20.53$	0.999	0.0012	0.0040
	香菇	$y = 6.012x - 22.66$	0.999	0.0014	0.0047
	木耳	$y = 4.707x + 18.58$	0.999	0.0014	0.0045
	金针菇	$y = 5.442x + 22.03$	0.999	0.0012	0.0042
氰戊菊酯	双孢菇	$y = 5.263x - 29.56$	0.999	0.0011	0.0037
	香菇	$y = 5.980x - 18.22$	0.999	0.0012	0.0042
	木耳	$y = 5.806x - 18.04$	0.999	0.0010	0.0034
	金针菇	$y = 5.905x + 17.80$	0.999	0.0010	0.0032

3. 实际样品分析

为评价方法的准确度和精密度，将优化后的提取和检测方法应用于食用菌（双孢菇、香菇、木耳和金针菇）中拟除虫菊酯类杀虫剂（氟氰戊菊酯、高效氯氰菊酯和氰戊菊酯）的残留分析。农药在样品中的含量均低于方法检出限，平均添加回收率在71.6%~92.7%，相对标准偏差（RSD）在0.1%~6.6%（表2-2），表明该方法具有良好的准确度和精密度，可用于食用菌中拟除虫菊酯类杀虫剂的残留分析。

表2-2　测定食用菌中的拟除虫菊酯类杀虫剂

农药	质量浓度 / （mg/kg）	双孢菇		香菇		木耳		金针菇	
		回收率 / %	RSD/ %	回收率 / %	RSD/ %	回收率 / %	RSD/ %	回收率 / %	RSD/ %
氟氰戊菊酯	0	—	—	—	—	—	—	—	—
	0.05	71.8	1.9	86.0	1.9	84.4	5.0	84.3	2.3
	0.5	72.5	0.9	89.7	2.1	87.1	1.9	81.5	0.5
	5	77.0	2.6	84.7	2.9	86.3	0.7	83.2	0.5
高效氯氰菊酯	0	—	—	—	—	—	—	—	—
	0.05	75.6	0.8	88.2	3.7	87.0	2.2	88.0	4.1
	0.5	74.3	3.1	91.8	1.2	90.8	0.3	85.3	4.0
	5	83.3	2.8	86.3	2.9	92.7	0.1	84.1	0.3
氰戊菊酯	0	—	—	—	—	—	—	—	—
	0.05	75.6	3.3	85.3	6.6	83.6	2.7	81.8	1.3
	0.5	71.6	1.9	89.1	4.2	81.4	1.1	83.6	0.9
	5	78.3	2.4	81.1	0.9	81.2	1.5	82.1	2.0

第二节
脂肪醇-分散剂辅助DLLME-固化技术

本节选取脂肪醇（十一醇和十二醇）作为萃取剂，分散剂（乙腈）辅助分散，悬浮固化收集萃取剂，建立了一种脂肪醇-分散剂辅助DLLME-固化技术。采用高效液相色谱-二极管阵列检测器进行定量分析。最终，将该前处理和检测技术应用于谷物（荞麦、燕麦、藜麦和小米）中三嗪类除草剂（西玛津和莠去津）和三唑类杀菌剂（腈菌唑和氟环唑）的残留分析。

一、实验方法

1.试样的制备

将1g粉碎后的谷物样品加入10mL离心管中，再加入1.5mL乙腈，超声3min，收集上清液并通过0.45μm的滤膜，制得样品溶液。

2.萃取步骤

将5mL超纯水和150mg 氯化钠加入10mL离心管中，然后快速注入150μL十二醇（萃取剂）和1000μL样品溶液（分散剂）的混合溶液，完成分散液液微萃取过程，此时三嗪类除草剂和三唑类杀菌剂从分散剂中转移到萃取剂中。将离心管在3000r/min的转速下离心3min，然后置于冰浴中。待上层萃取剂从液态转化为固态后，收集萃取剂到色谱进样瓶中。

3.检测步骤

三嗪类除草剂（西玛津和莠去津）和三唑类杀菌剂（腈菌唑和氟环唑）的分析采用安捷伦1260高效液相色谱-二极管阵列器。进样量为20μL，流动相为甲醇和水（80∶20），流速为0.5mL/min，色谱柱为安捷伦ZORBAX Eclipse Plus C_{18}色谱柱（250mm×4.6mm，5μm），柱温为20℃，检测波长为220nm。色谱图如图2-3所示，西玛津（1）、莠去津（2）、腈菌唑（3）和氟环唑（4）的保留时间分别为6.9min、7.8min、9.3min和10.8min。

二、结果与讨论

1.前处理条件的优化

考察了萃取剂种类分别为十一醇、十二醇对萃取效率的影响。结果如图2-4（1）所示，当萃取剂为十二醇时，回收率最高。因此，本实验选择十二醇作为萃取剂。

考察了萃取剂体积分别为25μL、50μL、75μL、100μL、150μL对萃取效率的影响。结果如图2-4（2）所示，随着萃取剂体积的增加，萃取效率上升。当萃取

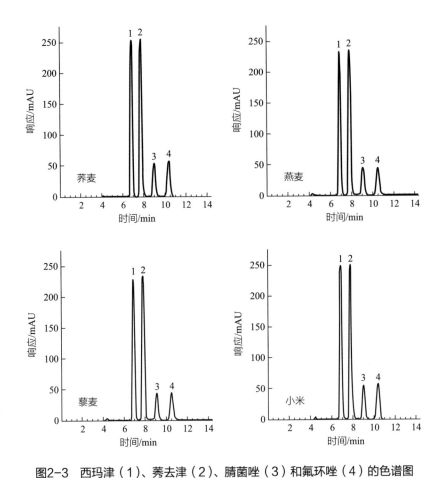

图2-3   西玛津（1）、莠去津（2）、腈菌唑（3）和氟环唑（4）的色谱图

剂体积为150μL时，回收率最高。因此，本实验选择150μL作为萃取剂体积。

考察了氯化钠用量分别为0mg、50mg、100mg、150mg、200mg、250mg对萃取效率的影响。结果如图2-4（3）所示，随着氯化钠用量的增加，萃取效率先上升后下降。当氯化钠用量为150mg时，回收率最高。因此，本实验选择150mg作为氯化钠用量。

考察了超声时间分别为0min、0.5min、1.0min、2.0min、3.0min、5.0min对萃取效率的影响。结果如图2-4（4）所示，随着超声时间的增加，萃取效率先上升后稳定。当涡旋时间为3min时，回收率均较高。因此，本实验选择3min作为超声时间。

2.方法评价

在优化后的提取和检测条件下，对所建立方法的校正曲线、决定系数、检出

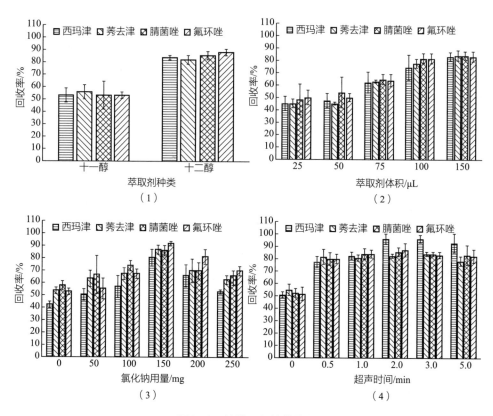

图2-4　前处理条件的优化

限和定量限进行了评价。以样品质量浓度为横坐标，平均峰面积为纵坐标，计算校正曲线如表2-3所示，在0.05~5mg/kg质量浓度范围内决定系数R^2大于0.995。以3倍信噪比计算检出限（LOD）为0.0008~0.0074mg/kg，以10倍信噪比计算定量限（LOQ）为0.0026~0.0245mg/kg，表明该方法具有良好的线性范围和灵敏度。

表2-3　三嗪类除草剂和三唑类杀菌剂在谷物中的校正曲线、检出限和定量限

农药	样品	校正曲线	R^2	LOD/（mg/kg）	LOQ/（mg/kg）
西玛津	荞麦	$y = 0.3061x + 4.1640$	0.999	0.0071	0.0234
	燕麦	$y = 0.4872x + 14.302$	0.999	0.0039	0.0129

续表

农药	样品	校正曲线	R^2	LOD/ （mg/kg）	LOQ/ （mg/kg）
西玛津	藜麦	$y = 0.5915x - 1.8345$	0.997	0.0025	0.0083
	小米	$y = 0.4884x + 30.961$	0.999	0.0027	0.0091
莠去津	荞麦	$y = 0.5068x + 3.9310$	0.999	0.0050	0.0166
	燕麦	$y = 0.6493x + 7.7438$	0.999	0.0038	0.0127
	藜麦	$y = 0.4475x + 72.544$	0.999	0.0016	0.0053
	小米	$y = 0.7949x + 7.0778$	0.999	0.0032	0.0107
腈菌唑	荞麦	$y = 0.1988x - 0.5378$	0.999	0.0074	0.0245
	燕麦	$y = 0.2058x + 9.9015$	0.999	0.0074	0.0244
	藜麦	$y = 0.1812x + 61.359$	0.999	0.0022	0.0071
	小米	$y = 0.2348x + 16.910$	0.999	0.0053	0.0174
氟环唑	荞麦	$y = 0.1724x + 80.215$	0.998	0.0017	0.0057
	燕麦	$y = 0.4920x + 105.22$	0.999	0.0012	0.0039
	藜麦	$y = 0.7494x - 0.0296$	0.995	0.0008	0.0026
	小米	$y = 0.4226x + 158.63$	0.999	0.0008	0.0028

3. 实际样品分析

为评价方法的准确度和精密度，将优化后的提取和检测方法应用于谷物（荞麦、燕麦、藜麦和小米）中三嗪类除草剂（西玛津和莠去津）和三唑类杀菌剂（腈菌唑和氟环唑）的残留分析。农药在样品中的含量均低于方法检出限，平均添加回收率在71.7%~97.6%，相对标准偏差（RSD）在1.0%~6.8%（表2-4），表明该方法具有良好的准确度和精密度，可用于谷物中三嗪类除草剂和三唑类杀菌剂的残留分析。

表2-4　测定谷物中的三嗪类除草剂和三唑类杀菌剂

农药	质量浓度/（mg/kg）	荞麦		燕麦		藜麦		小米	
		回收率/%	RSD/%	回收率/%	RSD/%	回收率/%	RSD/%	回收率/%	RSD/%
西玛津	0	—	—	—	—	—	—	—	—
	0.05	87.8	4.1	77.1	3.72	75.5	3.5	71.9	2.7
	0.5	97.6	4.1	85.8	2.50	83.7	3.0	81.6	1.6
莠去津	0	—	—	—	—	—	—	—	—
	0.05	88.4	2.9	75.3	2.58	72.6	4.6	71.7	3.1
	0.5	96.2	3.3	87.0	4.96	82.9	2.1	81.5	1.5
腈菌唑	0	—	—	—	—	—	—	—	—
	0.05	90.5	6.0	74.4	2.04	77.2	6.5	75.1	6.8
	0.5	92.9	3.1	86.2	3.34	83.3	2.8	82.2	1.0
氟环唑	0	—	—	—	—	—	—	—	—
	0.05	88.4	3.5	79.9	3.94	79.2	4.6	74.3	3.0
	0.5	96.4	3.6	87.8	2.22	84.3	3.2	81.5	3.1

第三节
脂肪酸-分散剂辅助DLLME-固化技术

本节选取脂肪酸（辛酸、壬酸和癸酸）作为萃取剂，分散剂（甲醇、乙腈和丙酮）辅助分散，悬浮固化收集萃取剂，建立了一种脂肪酸-分散剂辅助DLLME-固化技术。采用高效液相色谱-二极管阵列检测器进行定量分析。最终，将该前处理和检测技术应用于谷物（大米、玉米和小麦）中甲氧基丙烯酸酯类杀菌剂（嘧菌酯、吡唑醚菌酯和肟菌酯）的残留分析。

一、实验方法

1.试样的制备

将1g粉碎后的谷物样品加入5mL离心管中，再加入2mL乙腈，在2000r/min的转速下涡旋3min，收集上清液并过0.45μm的滤膜，制得样品溶液。

2.萃取步骤

将5mL超纯水和200mg氯化钠加入10mL离心管中，然后快速注入70μL壬酸（萃取剂）和600μL样品溶液（分散剂）的混合溶液，完成分散液液微萃取过程，此时甲氧基丙烯酸酯类杀菌剂从分散剂中转移到萃取剂中。将离心管在4000r/min的转速下离心5min，然后置于冰浴中。待上层萃取剂从液态转化为固态后，收集萃取剂到色谱进样瓶中。脂肪酸-分散剂辅助DLLME-固化技术的步骤如图2-5所示。

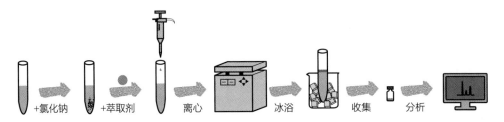

　　　　+氯化钠　　　+萃取剂　　　离心　　　冰浴　　　收集　　　分析

图2-5　脂肪酸-分散剂辅助DLLME-固化技术的步骤

3.检测步骤

甲氧基丙烯酸酯类杀菌剂（嘧菌酯、吡唑醚菌酯和肟菌酯）的分析采用安捷伦1260高效液相色谱-二极管阵列器。进样量为20μL，流动相为乙腈和水（80∶20），流速为0.5mL/min，色谱柱为安捷伦ZORBAX Eclipse Plus C_{18}色谱柱（250mm×4.6mm，5μm），柱温为20℃，检测波长分别为210nm、270nm和210nm。嘧菌酯、吡唑醚菌酯和肟菌酯的保留时间分别为6.9min、10.4min和11.4min。

二、结果与讨论

1. 前处理条件的单因素优化

考察了萃取剂种类分别为辛酸、壬酸、癸酸对萃取效率的影响。结果如图2-6（1）所示，当萃取剂为辛酸或壬酸时，回收率最高，但壬酸的峰面积更大。因此，本实验选择壬酸作为萃取剂。

考察了分散剂种类分别为甲醇、乙腈、丙酮对萃取效率的影响。结果如图2-6（2）所示，当分散剂为乙腈时，回收率最高。因此，本实验选择乙腈作为分散剂。

考察了萃取剂体积分别为40μL、50μL、60μL、70μL、80μL、90μL、100μL对萃取效率的影响。结果如图2-6（3）所示，随着萃取剂体积的增加，萃取效率先上升后稳定。当萃取剂体积为80μL时，回收率较高。因此，本实验选择80μL作为萃取剂体积。

考察了分散剂体积分别为200μL、400μL、600μL、800μL、1000μL、1250μL、1500μL对萃取效率的影响。结果如图2-6（4）所示，随着分散剂体积的增加，萃取效率先上升后下降。当分散剂体积为600μL时，回收率最高。因此，本实验选择600μL作为分散剂体积。

考察了氯化钠用量分别为0mg、200mg、400mg、600mg、800mg、1000mg对萃取效率的影响。结果如图2-6（5）所示，随着氯化钠用量的增加，萃取效率先上升后下降。当氯化钠用量为200mg时，回收率最高。因此，本实验选择200mg作为氯化钠用量。

考察了pH分别为3、5、7、9、11对萃取效率的影响。结果如图2-6（6）所示，pH对萃取效率没有显著影响。因此，本实验不需要调节pH。

2. 前处理条件的响应面优化

通过Box-Behnken响应面方法优化萃取剂体积（A，60~100μL）、分散剂体积（B，400~800μL）和盐的用量（C，0~400μL）三个变量，并研究变量之间的相互作用。因变量为甲氧基丙烯酸酯类杀菌剂的回收率（Y）。结果如表2-5所示，模型的P均小于0.01，说明回归方程极显著。失拟的P均大于0.05，说明该模型准确地代表了结果。调整决定系数均大于0.96，验证了拟合模型的准确性和可靠性。

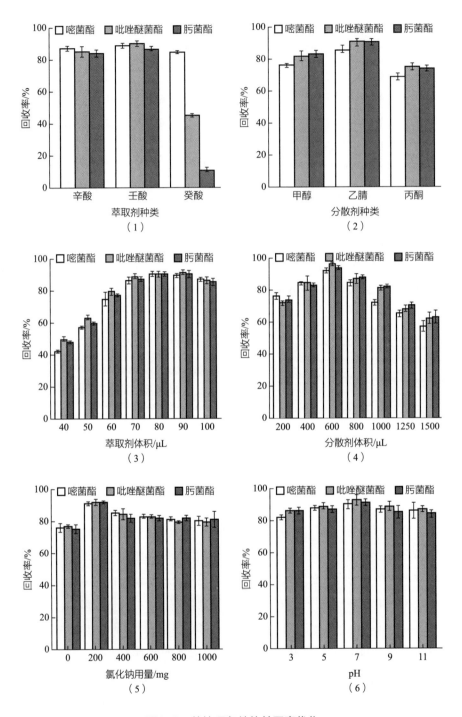

图2-6 前处理条件的单因素优化

表2-5　响应面二次模型的方差分析

方差来源	嘧菌酯		吡唑醚菌酯		肟菌酯	
	F	P	F	P	F	P
模型	78.82	< 0.0001	76.87	< 0.0001	52.06	< 0.0001
A	31.61	0.0008	45.24	0.0003	30.56	0.0009
B	2.86	0.1345	2.59	0.1516	2.02	0.1979
C	38.28	0.0005	46.71	0.0002	36.55	0.0005
AB	0.84	0.3908	1.13	0.3225	0.06	0.8127
AC	6.39	0.0393	5.75	0.0476	6.24	0.0412
BC	0.21	0.6577	1.63	0.2427	0.73	0.4204
A^2	511.62	< 0.0001	461.13	< 0.0001	291.92	< 0.0001
B^2	16.76	0.0046	31.12	0.0008	17.58	0.0041
C^2	63.27	< 0.0001	57.11	< 0.0001	55.09	< 0.0001
失拟值	0.14	0.9337	0.11	0.9482	0.38	0.7706
残差	2.07		1.95		2.20	
纯误差	3.28		3.14		2.99	
总和	1480.86		1360.22		1046.94	
校正 R^2 / R^2	0.9777	0.9902	0.9771	0.9900	0.9664	0.9853

随着萃取剂体积（A）、分散剂体积（B）、盐的用量（C）的增加，甲氧基丙烯酸酯类杀菌剂的回收率（Y）均呈现先上升后下降的趋势（图2-7）。嘧菌酯、吡唑醚菌酯和肟菌酯的理论最大回收率分别为92.2%、94.3%和92.3%。考虑了响应面优化的结果和实际操作的可行性，确定了最佳萃取条件为：萃取剂体积82μL、分散剂体积620μL、盐的用量256mg。

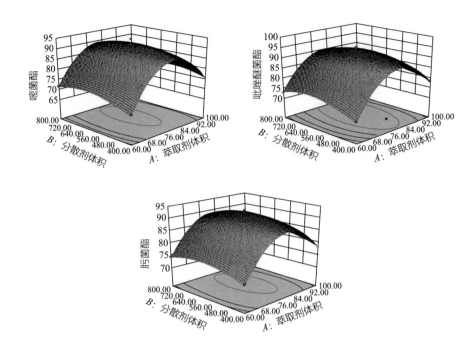

（1）萃取剂体积和分散剂体积对回收率的影响

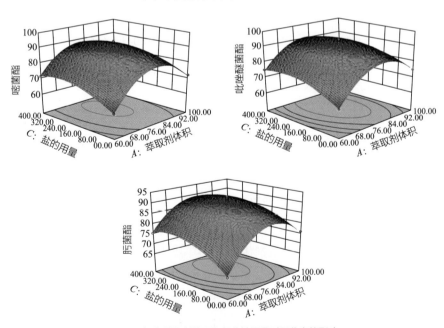

（2）萃取剂体积和氯化钠用量对回收率的影响

图2-7

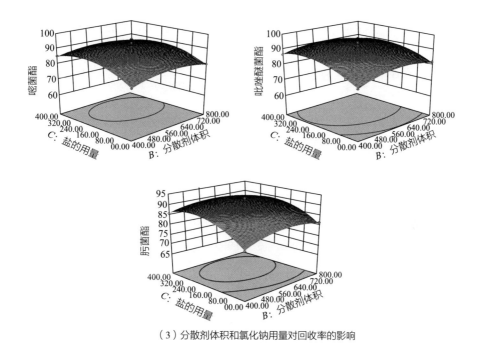

（3）分散剂体积和氯化钠用量对回收率的影响

图2-7　前处理条件的响应面优化

3. 方法评价

在优化后的提取和检测条件下，对所建立方法的校正曲线、决定系数、检出限、定量限、日内精密度和日间精密度进行了评价。以样品质量浓度为横坐标，平均峰面积为纵坐标，计算校正曲线如表2-6所示，在0.1~10mg/kg质量浓度范围内决定系数R^2大于0.997。以3倍信噪比计算检出限（LOD）为0.0026~0.0049mg/kg，以10倍信噪比计算定量限（LOQ）为0.0086~0.0162mg/kg。进行3次重复实验，日内相对标准偏差为3.4%~7.9%，日间相对标准偏差为2.6%~8.3%，表明该方法具有良好的线性范围、灵敏度和重复性。

4. 实际样品分析

为评价方法的准确度和精密度，将优化后的提取和检测方法应用于谷物（大米、玉米和小麦）中甲氧基丙烯酸酯类杀菌剂（嘧菌酯、吡唑醚菌酯和肟菌酯）的残留分析。农药在样品中的含量均低于方法检出限，平均添加回收率在82.0%~93.2%，相对标准偏差（RSD）在1.6%~7.4%（表2-7），表明该方法具有良好的准确度和精密度，可用于谷物中甲氧基丙烯酸酯类杀菌剂的残留分析。

表2-6   甲氧基丙烯酸酯类杀菌剂在谷物中的校正曲线、检出限、定量限和相对标准偏差

农药	样品	校正曲线	R^2	LOD/（mg/kg）	LOQ/（mg/kg）	日内RSD/%	日间RSD/%
嘧菌酯	大米	$y = 859.80x - 63.979$	0.999	0.0026	0.0086	3.4	4.2
	玉米	$y = 841.01x - 51.859$	0.997	0.0026	0.0087	5.6	7.9
	小麦	$y = 801.47x - 42.355$	0.999	0.0026	0.0087	5.6	6.4
吡唑醚菌酯	大米	$y = 456.42x - 27.561$	0.999	0.0047	0.0155	4.1	7.2
	玉米	$y = 471.69x - 34.078$	0.999	0.0048	0.0159	7.5	5.6
	小麦	$y = 417.34x - 4.0140$	0.999	0.0049	0.0162	7.9	5.8
肟菌酯	大米	$y = 530.81x - 48.853$	0.998	0.0044	0.0147	4.4	6.4
	玉米	$y = 502.79x - 28.094$	0.998	0.0046	0.0153	4.9	8.3
	小麦	$y = 464.38x - 19.423$	0.998	0.0045	0.0150	6.3	2.6

表2-7   测定谷物中的甲氧基丙烯酸酯类杀菌剂

农药	质量浓度/（mg/kg）	大米		玉米		小麦	
		回收率/%	RSD/%	回收率/%	RSD/%	回收率/%	RSD/%
嘧菌酯	0	—	—	—	—	—	—
	0.1	85.0	6.8	85.1	5.0	83.5	4.3
	1	91.1	4.2	87.1	3.1	86.9	3.4
	10	89.3	3.6	87.0	4.0	85.1	3.2
吡唑醚菌酯	0	—	—	—	—	—	—
	0.1	85.7	5.1	85.6	1.6	82.0	4.8
	1	91.4	3.4	86.4	5.9	86.5	3.9
	10	92.5	4.6	87.1	4.4	86.8	4.7
肟菌酯	0	—	—	—	—	—	—
	0.1	87.2	6.5	83.6	2.8	84.1	4.5
	1	93.2	7.4	85.0	5.7	86.4	4.3
	10	91.1	3.5	88.7	3.1	88.4	2.3

5.方法比较

将本方法与文献方法在前处理技术、萃取剂及用量、萃取方式及时间、检测技术、回收率和定量限方面进行了比较（表2-8）。本方法只使用了小体积的绿色萃取剂壬酸，且萃取剂易于收集。萃取过程不需要使用振荡、蒸发或涡旋等辅助设备。本方法具有简单、快速、环境友好的优点。

表2-8 甲氧基丙烯酸酯类杀菌剂的方法比较

前处理技术	萃取剂及用量 /μL	萃取方式及时间 /min	检测技术	回收率 /%	LOQ/（μg/kg）	方法比较
DLLME	正己烷 30 甲苯 30	振荡 2	GC-ECD	87.7~95.2	0.3~6	参考文献[44]
DLLME	十一醇 100 氯仿 150	蒸发	LC-MS/MS	89~113	0.01~0.1	参考文献[45]
DLLME	四氯甲烷 80	涡旋 3	GC-MS	81~107	0.3~0.9	参考文献[46]
DLLME	壬酸 82	—	HPLC-DAD	82.0~93.2	8.6~16.2	本方法

第四节
生物衍生溶剂-分散剂辅助DLLME-固化技术

本节选取生物衍生溶剂（愈创木酚、α-蒎烯、4-异丙基甲苯、双戊烯、对二甲苯和苯甲醚）作为萃取剂，分散剂（甲醇、乙腈和丙酮）辅助分散，水相固化收集萃取剂，建立了一种生物衍生溶剂-分散剂辅助DLLME-固化技术。采用高效液相色谱-二极管阵列检测器进行定量分析。最终，将该前处理和检测技术应用于谷物（燕麦、大麦、黑麦、高粱和小米）中甲氧基丙烯酸酯类杀菌剂（嘧菌酯、吡唑醚菌酯和肟菌酯）的残留分析。

一、实验方法

1.试样的制备
将1g粉碎后的谷物样品加入10mL离心管中，再加入0.8mL乙腈，涡旋45s，收集上清液并通过0.45μm的滤膜，制得样品溶液。

2.萃取步骤
将5mL超纯水和200mg氯化钠加入10mL离心管中，然后快速注入200μL的4-异丙基甲苯（萃取剂）和500μL样品溶液（分散剂）的混合溶液，完成分散液液微萃取过程，此时甲氧基丙烯酸酯类杀菌剂从分散剂中转移到萃取剂中。将离心管在5000r/min的转速下离心8min，然后置于-20℃冰箱中。待上层水相从液态转化为固态后，收集萃取剂到色谱进样瓶中。

3.检测步骤
甲氧基丙烯酸酯类杀菌剂（嘧菌酯、吡唑醚菌酯和肟菌酯）的分析采用安捷伦1260高效液相色谱-二极管阵列器。进样量为20μL，流动相为甲醇和水（85:15），流速为0.45mL/min，色谱柱为安捷伦ZORBAX Eclipse Plus C_{18}色谱柱（250mm×4.6mm，5μm），柱温为20℃，检测波长分别为243nm、275nm和251nm。嘧菌酯、吡唑醚菌酯和肟菌酯的保留时间分别为8.1min、15.5min和18.0min。

二、结果与讨论

1.前处理条件的优化
考察了萃取剂种类分别为愈创木酚、α-蒎烯、4-异丙基甲苯、双戊烯、对二甲苯、苯甲醚对萃取效率的影响。结果如图2-8（1）所示，当萃取剂为4-异丙基甲苯时，回收率均较高。因此，本实验选择4-异丙基甲苯作为萃取剂。

考察了萃取剂体积分别为50μL、100μL、150μL、200μL、250μL、300μL对萃取效率的影响。结果如图2-8（2）所示，随着萃取剂体积的增加，萃取效率先上升后稳定。当萃取剂体积为200μL时，回收率最高。因此，本实验选择200μL作为萃取剂体积。

　　考察了分散剂种类分别为甲醇、乙腈、丙酮对萃取效率的影响。结果如图
2-8（3）所示，当分散剂为乙腈时，回收率最高。因此，本实验选择乙腈作为分
散剂。

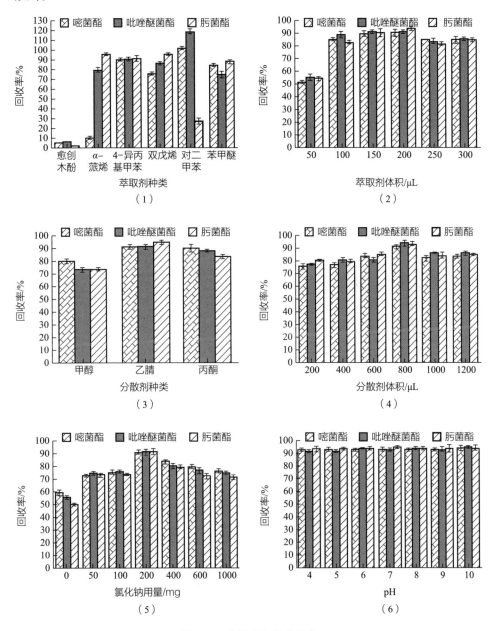

图2-8　前处理条件的优化

考察了分散剂体积分别为200μL、400μL、600μL、800μL、1000μL、1200μL对萃取效率的影响。结果如图2-8（4）所示，随着分散剂体积的增加，萃取效率先上升后下降。当分散剂体积为800μL时，回收率最高。因此，本实验选择800μL作为分散剂体积。

考察了氯化钠用量分别为0mg、50mg、100mg、200mg、400mg、600mg、1000mg对萃取效率的影响。结果如图2-8（5）所示，随着氯化钠用量的增加，萃取效率先上升后下降。当氯化钠用量为200mg时，回收率最高。因此，本实验选择200mg作为氯化钠用量。

考察了pH分别为4、5、6、7、8、9、10对萃取效率的影响。结果如图2-8（6）所示，pH对萃取效率没有显著影响。因此，本实验不需要调节pH。

2. 方法评价

在优化后的提取和检测条件下，对所建立方法的校正曲线、决定系数、检出限和定量限进行了评价。以样品质量浓度为横坐标，平均峰面积为纵坐标，计算校正曲线如表2-9所示，在0.5~100mg/kg质量浓度范围内决定系数R^2大于0.999。以3倍信噪比计算检出限（LOD）为0.15mg/kg，以10倍信噪比计算定量限（LOQ）为0.5mg/kg，表明该方法具有良好的线性范围和灵敏度。

表2-9   甲氧基丙烯酸酯类杀菌剂在谷物中的校正曲线、检出限和定量限

农药	校正曲线	R^2	LOD/ （mg/kg）	LOQ/ （mg/kg）
嘧菌酯	$y = 1.924x + 0.8394$	0.999	0.15	0.5
吡唑醚菌酯	$y = 2.727x + 1.226$	0.999	0.15	0.5
肟菌酯	$y = 1.816x + 1.415$	0.999	0.15	0.5

3. 实际样品分析

为评价方法的准确度和精密度，将优化后的提取和检测方法应用于谷物（燕麦、大麦、黑麦、高粱和小米）中甲氧基丙烯酸酯类杀菌剂（嘧菌酯、吡唑醚菌酯和肟菌酯）的残留分析。农药在样品中的含量均低于方法检出限，平均添加回收率在90.5%~103.6%，相对标准偏差（RSD）在0.7%~5.4%（表2-10），表明该方法具有良好的准确度和精密度，可用于谷物中甲氧基丙烯酸酯类杀菌剂的残留分析。

表2-10 测定谷物中的甲氧基丙烯酸酯类杀菌剂

农药	质量浓度/（mg/kg）	燕麦		大麦		黑麦		高粱		小米	
		回收率/%	RSD/%	回收率/%	RSD/%	回收率/%	RSD/%	回收率/%	RSD/%	回收率/%	RSD/%
嘧菌酯	0	—	—	—	—	—	—	—	—	—	—
	1	100.1	1.6	99.3	1.9	99.2	4.0	103.6	3.4	98.9	2.2
	10	100.5	1.9	101.2	1.1	101.2	0.5	99.7	2.3	100.7	3.0
吡唑醚菌酯	0	—	—	—	—	—	—	—	—	—	—
	1	91.4	1.8	96.6	3.9	93.1	1.0	90.5	2.2	94.5	0.7
	10	93.0	1.0	93.3	0.8	92.0	2.1	94.3	1.0	92.5	2.1
肟菌酯	0	—	—	—	—	—	—	—	—	—	—
	1	97.7	4.8	105.4	3.9	98.5	5.4	107.1	3.6	98.0	0.7
	10	97.3	1.1	103.6	4.4	102.5	2.8	105.3	2.5	100.1	1.4

第五节
生物衍生溶剂-分散剂辅助DLLME技术

本节选取生物衍生溶剂（4-异丙基甲苯、对二甲苯和双戊烯）作为萃取剂，分散剂（乙酸）辅助分散，悬浮固化收集萃取剂，建立了一种低共熔溶剂-分散剂辅助DLLME-固化技术。采用智能手机-数字图像比色法进行定量分析。最终，将该前处理和检测技术应用于谷物（玉米、大米、大麦和小米）中氨基甲酸酯类杀虫剂（克百威）的残留分析。

一、实验方法

1. 试样的制备

将1g粉碎后的谷物样品加入5mL离心管中,再加入1mL乙腈,在2500r/min的转速下涡旋3min,收集上清液并通过0.22μm的滤膜,制得样品溶液。

2. 萃取步骤

将700μL样品溶液和4.3mL去离子水加入10mL离心管中,再加入150mg碳酸钠将溶液调为碱性,克百威(呋喃丹)水解成呋喃酚。然后快速注入150μL双戊烯(萃取剂)和100μL乙酸(分散剂)的混合溶液,溶液中产生大量的二氧化碳气泡,完成分散液液微萃取过程,此时呋喃酚从分散剂中转移到萃取剂中。待静置5min后,收集萃取剂。生物衍生溶剂-分散剂辅助DLLME技术的步骤如图2-9所示。

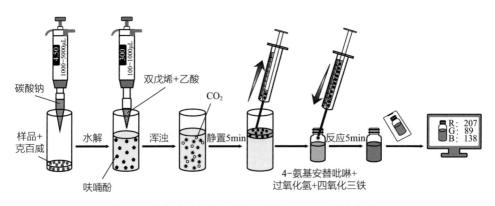

图2-9 生物衍生溶剂-分散剂辅助DLLME技术的步骤

3. 检测步骤

氨基甲酸酯类杀虫剂(克百威)的数字图像比色分析采用华为Mate 30 Pro智能手机。将100μL萃取剂、100μL 4-氨基安替吡啉溶液(30mmol/L)、100μL过氧化氢溶液(质量分数为1%)、100μL盐酸溶液(pH 1)和5mg四氧化三铁加入1mL的玻璃瓶中,在5min内溶液颜色逐渐由无色变为紫红色(图2-10),用磁铁将四氧化三铁聚集在玻璃瓶的底部。将玻璃瓶置入不透光的拍照灯箱中,在恒定LED灯亮度和手机位置的条件下进行拍照,在RGB模式下读取数据计算强度I,其中$I=1-B/R$,R为红色通道的数值,B为蓝色通道的数值。

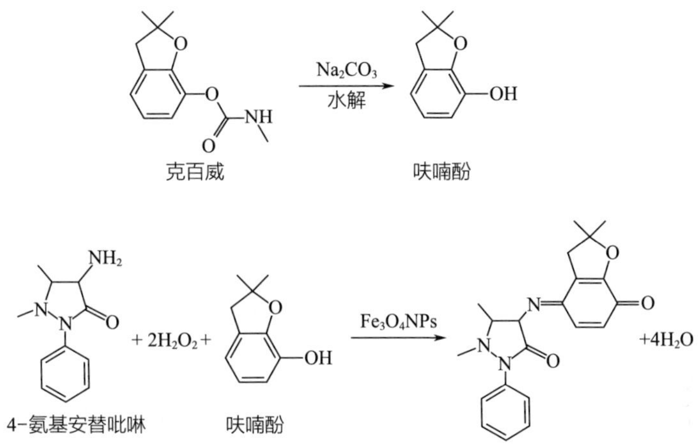

图2-10　克百威的显色反应

二、结果与讨论

1. 前处理条件的优化

考察了萃取剂种类分别为4-异丙基甲苯、对二甲苯、双戊烯对萃取效率的影响。结果如图2-11（1）所示，当萃取剂为4-异丙基甲苯时，回收率最高。因此，本实验选择4-异丙基甲苯作为萃取剂。

考察了萃取剂体积分别为75μL、100μL、150μL、200μL、250μL、300μL对萃取效率的影响。结果如图2-11（2）所示，随着萃取剂体积的增加，萃取效率先上升后稳定。当萃取剂体积为150μL时，回收率最高。因此，本实验选择150μL作为萃取剂体积。

考察了碳酸钠溶液质量浓度分别为10mg/mL、20mg/mL、30mg/mL、40mg/mL、50mg/mL、60mg/mL、70mg/mL、80mg/mL对萃取效率的影响。碳酸钠调节样品溶液为碱性，使克百威水解成呋喃酚。碳酸钠还与乙酸反应产生CO_2。结果如图2-11（3）所示，随着碳酸钠溶液质量浓度的增加，萃取效率先上升后下降。当碳酸钠溶液质量浓度为30mg/mL时，回收率最高。因此，本实验选择30mg/mL作为碳酸钠溶液质量浓度。

考察了分散剂种类分别为甲酸、乙酸、丙酸、丁酸对萃取效率的影响。结果如图2-11（4）所示，当分散剂为乙酸时，回收率最高。因此，本实验选择乙酸作为分散剂。

考察了分散剂体积分别为50μL、100μL、150μL、200μL、250μL对萃取效率的影响。结果如图2-11（5）所示，随着分散剂体积的增加，萃取效率先上升后下降。当分散剂体积为150μL时，回收率最高。因此，本实验选择150μL作为分散剂体积。

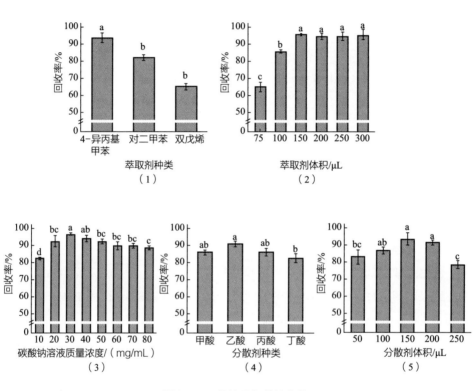

图2-11　前处理条件的优化

2.检测条件的优化

测定了反应体系a（4-氨基安替吡啉+过氧化氢+四氧化三铁+碳酸钠）、反应体系b（4-氨基安替吡啉+过氧化氢+四氧化三铁+克百威）、反应休系c（4-氨基安替吡啉+过氧化氢+四氧化三铁+克百威+碳酸钠）的紫外可见光谱图。结果如图2-12所示，只有反应体系c在490nm处出现了较强的吸收峰。克百威在碱性条件下水解成呋喃酚。Fe_3O_4具有过氧化物酶活性，可以加快呋喃酚与4-氨基安替吡啉在过氧化氢的存在的条件下发生氧化偶联反应，产生紫红色的产物，验证了克百威检测方法的可行性。

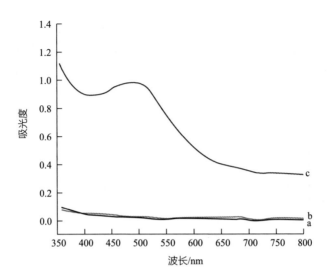

图2-12　不同反应体系的紫外可见光谱图

a—4-氨基安替吡啉＋过氧化氢＋四氧化三铁＋碳酸钠
b—4-氨基安替吡啉＋过氧化氢＋四氧化三铁＋克百威
c—4-氨基安替吡啉＋过氧化氢＋四氧化三铁＋克百威＋碳酸钠

考察了4-氨基安替吡啉溶液浓度分别为1mmol/L、10mmol/L、20mmol/L、30mmol/L、40mmol/L、50mmol/L对强度I（$I=R/G$）的影响。结果如图2-13（1）所示，随着4-氨基安替吡啉溶液浓度的增加，强度I先上升后稳定。当4-氨基安替吡啉溶液浓度为30mmol/L时，强度I最大。因此，本实验选择30mmol/L作为4-氨基安替吡啉溶液浓度。

考察了过氧化氢溶液质量分数分别为0.01%、0.1%、1%、10%、20%、30%对强度I的影响。结果如图2-13（2）所示，随着过氧化氢溶液质量分数的增加，强度I先上升后下降。当过氧化氢溶液质量分数为1%时，强度I最高。因此，本实验选择1%作为过氧化氢溶液质量分数。

考察了四氧化三铁用量分别为1mg、2mg、3mg、4mg、5mg、8mg、10mg对强度I的影响。结果如图2-13（3）所示，随着四氧化三铁用量的增加，强度I先上升后下降。当四氧化三铁用量为5mg时，强度I最高。因此，本实验选择5mg作为四氧化三铁用量。

考察了pH分别为1、2、3、4、5、6、7对强度I的影响。结果如图2-13（4）所示，当pH为1时，强度I最高。因此，本实验pH为1。

考察了反应时间分别为3min、5min、7min、9min、12min、15min、20min对强度 I 的影响。结果如图2-13（5）所示，随着反应时间的增加，强度 I 先上升后稳定。当反应时间为5min时，强度 I 最高。因此，本实验选择5min作为反应时间。

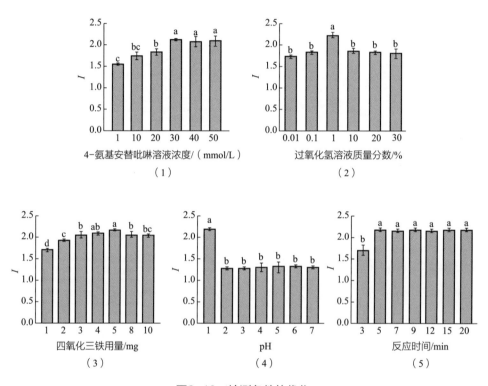

图2-13　检测条件的优化

3.方法评价

在优化后的提取和检测条件下，对所建立方法的校正曲线、决定系数、检出限和定量限进行了评价。以样品质量浓度为横坐标，平均强度 I 为纵坐标，计算校正曲线为 $y = 0.0434x + 1.3737$（图2-14），在0.02~2mg/kg质量浓度范围内决定系数 R^2 为0.995。以3倍信噪比计算检出限（LOD）为0.005mg/kg，以10倍信噪比计算定量限（LOQ）为0.018mg/kg，表明该方法具有良好的线性范围和灵敏度。

在相同质量浓度下评价了不同氨基甲酸酯类杀虫剂（速灭威、异丙威、茚虫威、甲萘威、抗蚜威、涕灭威）和拟除虫菊酯类杀虫剂（氰戊菊酯）对克百威的干扰。只有克百威产生了大量的紫红色产物，强度I显著高于其他杀虫剂（图2-15）。表明该方法具有良好的选择性。

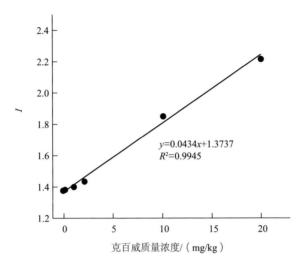

$$y=0.0434x+1.3737$$
$$R^2=0.9945$$

图2-14　克百威在谷物中的校正曲线

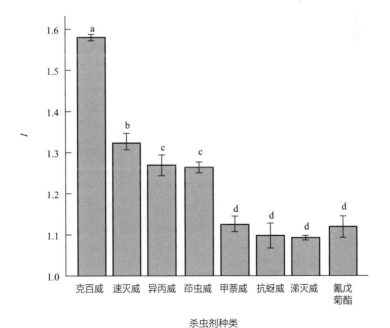

图2-15　不同杀虫剂的干扰

4.实际样品分析

为评价方法的准确度和精密度,将优化后的提取和检测方法应用于谷物(玉米、大米、大麦和小米)中氨基甲酸酯类杀虫剂(克百威)的残留分析。农药在样品中的含量均低于方法检出限,平均添加回收率在91.1%~113.8%,相对标准偏差(RSD)在0.3%~8.2%(表2-11),与标准方法GB 23200.112—2018《食品安全国家标准　植物源性食品中9种氨基甲酸酯类农药及其代谢物残留量的测定　液相色谱-柱后衍生法》无显著差异,表明该方法具有良好的准确度和精密度,可用于谷物中氨基甲酸酯类杀虫剂(克百威)的残留分析。

表2-11　测定谷物中的克百威

方法	质量浓度 / (mg/kg)	玉米		大米		大麦		小米	
		回收率 / %	RSD/ %	回收率 / %	RSD/ %	回收率 / %	RSD/ %	回收率 / %	RSD/ %
本方法	0	—	—	—	—	—	—	—	—
	0.02	91.1	8.2	113.8	2.8	92.3	1.3	92.3	3.5
	0.2	102.7	6.7	100.9	4.6	106.4	1.1	94.8	2.8
	2	100.0	3.0	99.6	0.6	100.4	2.5	100.4	0.3
标准方法	0	—	—	—	—	—	—	—	—
	0.02	90.2	8.7	87.2	5.8	93.4	6.9	92.8	4.7
	0.2	81.6	6.6	80.0	6.5	80.3	5.4	83.4	0.7
	2	89.4	0.3	85.5	4.0	91.6	6.1	90.2	2.6

5.方法比较

将本方法与文献方法在前处理技术、萃取剂及用量、萃取方式及时间、离心时间、检测技术、检测时间和定量限方面进行了比较(表2-12)。本方法只使用了小体积的绿色萃取剂生物衍生溶剂,不需要使用大体积的乙腈或丙酮。萃取过程不需要使用耗时的离心设备。智能手机拍照相比于使用其他分析仪器,分析时间短、高通量、低成本、易操作。本方法具有简单、快速、绿色、便携的优点。

表2-12 克百威的方法比较

前处理技术	萃取剂及用量 /μL	萃取方式及时间 /min	离心时间 / min	检测技术	检测时间 / min	LOQ/（mg/kg）	方法比较
LLE	乙腈 500	手摇 2	5	HPLC-UV	20	0.0005	参考文献 [48]
QuEChERS	乙腈 10000	振荡 3	5+5	GC-MS/MS	31	0.002	参考文献 [49]
DLLME	乙腈 5000 离子液体 88	振荡 1 涡旋 1 超声 5	10+20	HPLC-DAD	27	0.013	参考文献 [50]
SLE	丙酮 1000	静置 1440	—	UV-Vis	16	0.013	参考文献 [51]
DLLME	4- 异丙基甲苯 82	涡旋 3	—	智能手机 - 数字图像比色法	5	0.018	本方法

注：LLE 为液液萃取；SLE 为固液萃取。

第六节
薄荷醇-分散剂辅助DLLME-固化技术

　　本节选取薄荷醇作为萃取剂，分散剂（甲醇、乙腈和丙酮）辅助分散，室温悬浮固化收集萃取剂，建立了一种薄荷醇-分散剂辅助DLLME-固化技术。采用高效液相色谱-二极管阵列检测器进行定量分析。最终，将该前处理和检测技术应用于谷物（大米、小麦、玉米和小米）中拟除虫菊酯类杀虫剂（高效氯氟氰菊酯、溴氰菊酯和联苯菊酯）的残留分析。

一、实验方法

1. 试样的制备

将1g粉碎后的谷物样品加入10mL离心管中，再加入1.5mL乙腈，涡旋5min，收集上清液并通过0.45μm的滤膜，制得样品溶液。

2. 萃取步骤

将5mL的50℃的γ-环糊精水溶液（1.6mg/mL）加入10mL离心管中，然后快速注入100μL薄荷醇（萃取剂）和800μL样品溶液（分散剂）的混合溶液，完成分散液液微萃取过程，此时拟除虫菊酯类杀虫剂从分散剂中转移到萃取剂中。将离心管在4000r/min的转速下离心3min，在室温条件下，待上层萃取剂从液态转化为固态后，收集萃取剂到色谱进样瓶中。薄荷醇-分散剂辅助DLLME-固化技术的步骤如图2-16所示。

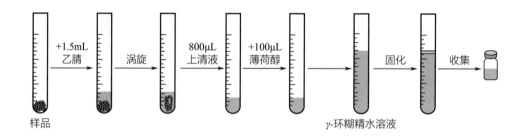

图2-16　薄荷醇-分散剂辅助DLLME-固化技术的步骤

3. 检测步骤

拟除虫菊酯类杀虫剂（高效氯氟氰菊酯、溴氰菊酯和联苯菊酯）的分析采用安捷伦1260高效液相色谱-二极管阵列器。进样量为10μL，流动相为甲醇和水（85:15），流速为0.5mL/min，色谱柱为安捷伦ZORBAX Eclipse Plus C_{18}色谱柱（250mm×4.6mm，5μm），柱温为20℃，检测波长为230nm。高效氯氟氰菊酯、溴氰菊酯和联苯菊酯的保留时间分别为9.4min、10.3min和14.7min。

二、结果与讨论

1.前处理条件的优化

考察了萃取剂体积分别为40μL、60μL、80μL、100μL、120μL对萃取效率的影响。结果如图2-17（1）所示，随着萃取剂体积的增加，萃取效率先上升后稳定。当萃取剂体积为100μL时，回收率最高。因此，本实验选择100μL作为萃取剂体积。

考察了环糊精种类分别为β-环糊精、羟丙基-β-环糊精、γ-环糊精、羟丙基-γ-环糊精对萃取效率的影响。结果如图2-17（2）所示，当环糊精为γ-环糊精时，回收率最高。因此，本实验选择γ-环糊精。

考察了环糊精用量分别为0mg、2mg、4mg、6mg、8mg、10mg、12mg对萃取效率的影响。结果如图2-17（3）所示，随着环糊精用量的增加，萃取效率先上升后稳定。当环糊精用量为8mg时，回收率最高。因此，本实验选择8mg作为环糊精用量。

考察了分散剂种类分别为甲醇、乙腈、丙酮对萃取效率的影响。结果如图2-17（4）所示，当分散剂为乙腈时，回收率最高。因此，本实验选择乙腈作为分散剂。

考察了分散剂体积分别为200μL、400μL、600μL、800μL、1000μL、1200μL、1400μL对萃取效率的影响。结果如图2-17（5）所示，随着分散剂体积的增加，萃取效率先上升后稳定。当分散剂体积为800μL时，回收率最高。因此，本实验选择800μL作为分散剂体积。

考察了氯化钠用量分别为0mg、200mg、400mg、600mg、800mg、1000mg、1200mg、1400mg对萃取效率的影响。结果如图2-17（6）所示，随着氯化钠用量的增加，萃取效率逐渐下降。因此，本实验不需要添加氯化钠。

2.方法评价

在优化后的提取和检测条件下，对所建立方法的校正曲线、决定系数、检出限、定量限、日内精密度和日间精密度进行了评价。以样品质量浓度为横坐标，平均峰面积为纵坐标，计算校正曲线如表2-13所示，在0.1~10mg/kg质量浓度范围内决定系数R^2大于0.997。以3倍信噪比计算检出限（LOD）为0.0010~0.0029mg/kg，以10倍信噪比计算定量限（LOQ）为0.0035~0.0095mg/kg。进行3次重复实验，日内相对标准偏差为0.8%~4.3%，日间相对标准偏差为0.7%~5.9%，表明该方法具有良好的线性范围、灵敏度和重复性。

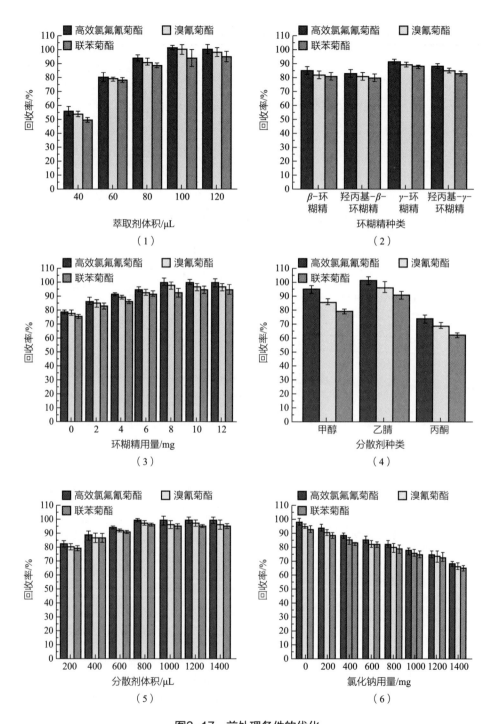

图2-17　前处理条件的优化

表2-13　拟除虫菊酯类杀虫剂在谷物中的校正曲线、检出限、定量限和相对标准偏差

农药	样品	校正曲线	R^2	LOD/（mg/kg）	LOQ/（mg/kg）	日内RSD/%	日间RSD/%
高效氯氟氰菊酯	大米	$y = 1880.6x - 52.302$	0.999	0.0024	0.0080	0.8	1.3
	小麦	$y = 1436.7x - 13.334$	0.999	0.0016	0.0052	4.3	4.1
	玉米	$y = 1075.2x - 13.031$	0.999	0.0025	0.0084	1.5	3.0
	小米	$y = 1981.5x - 49.680$	0.998	0.0028	0.0094	1.5	1.4
溴氰菊酯	大米	$y = 2242.3x - 40.506$	0.999	0.0011	0.0035	1.6	1.1
	小麦	$y = 1679.7x - 3.6960$	0.999	0.0010	0.0035	2.1	5.9
	玉米	$y = 1351.0x + 3.8174$	0.998	0.0029	0.0095	1.9	0.7
	小米	$y = 2293.9x - 52.194$	0.997	0.0020	0.0068	3.3	3.6
联苯菊酯	大米	$y = 1994.1x - 32.028$	0.997	0.0012	0.0041	1.4	0.7
	小麦	$y = 1542.1x + 4.7860$	0.999	0.0012	0.0040	2.4	3.8
	玉米	$y = 1241.2x + 8.2132$	0.999	0.0022	0.0075	2.2	2.1
	小米	$y = 2056.9x - 35.161$	0.997	0.0016	0.0052	2.2	3.5

3. 实际样品分析

　　为评价方法的准确度和精密度，将优化后的提取和检测方法应用于谷物（大米、小麦、玉米和小米）中拟除虫菊酯类杀虫剂（高效氯氟氰菊酯、溴氰菊酯和联苯菊酯）的残留分析。农药在样品中的含量均低于方法检出限，平均添加回收率在77.6%~101.6%，相对标准偏差（RSD）在0.6%~6.6%（表2-14），表明该方法具有良好的准确度和精密度，可用于谷物中拟除虫菊酯类杀虫剂的残留分析。

表2-14　测定谷物中的拟除虫菊酯类杀虫剂

农药	质量浓度 / (mg/kg)	大米		小麦		玉米		小米	
		回收率 / %	RSD/ %	回收率 / %	RSD/ %	回收率 / %	RSD/ %	回收率 / %	RSD/ %
高效氯氟氰菊酯	0	—		—		—		—	
	0.1	84.5	1.1	77.6	6.6	87.1	0.7	81.3	3.1
	1	94.7	0.9	88.7	2.7	88.6	1.0	93.2	2.5
	10	101.6	1.8	95.5	6.4	94.8	1.4	100.8	3.8
溴氰菊酯	0	—		—		—		—	
	0.1	80.7	1.7	84.6	0.6	83.7	1.4	79.1	4.7
	1	92.4	2.4	82.9	6.0	85.2	0.8	90.1	2.9
	10	97.9	2.9	91.6	4.4	91.6	0.9	95.9	1.9
联苯菊酯	0	—		—		—		—	
	0.1	79.5	2.0	86.7	1.8	80.1	1.2	78.5	4.7
	1	88.5	2.1	85.0	1.9	84.2	0.7	85.7	1.1
	10	91.8	2.1	86.6	2.9	87.8	1.1	92.0	3.4

4. 方法比较

将本方法与文献方法在前处理技术、萃取剂及用量、萃取方式及时间、回收率和定量限方面进行了比较（表2-15）。本方法只使用了小体积的绿色萃取剂薄荷醇。萃取过程更快，不需要使用涡旋或超声等辅助设备。本方法具有简单、快速、低成本、环境友好的优点。

表2-15　拟除虫菊酯类杀虫剂的方法比较

前处理技术	萃取剂及用量 /μL	萃取方式及时间 /min	回收率 /%	LOQ/ (μg/kg)	方法比较
EME	十二醇 300	涡旋 10	70.2~89.2	100~190	参考文献[53]

续表

前处理 技术	萃取剂及 用量 /μL	萃取方式及 时间 /min	回收率 /%	LOQ/ （μg/kg）	方法 比较
DLLME	氯苯 310	超声 3	83.3~91.5	1.2~2.5	参考文献 [54]
DLLME	十二醇 200	涡旋 1.5	77.0~98.6	5.6~17.4	参考文献 [55]
DLLME	薄荷醇 200	—	77.6~101.6	1.0~2.9	本方法

注：EME 为乳化微萃取。

第七节
低共熔溶剂-分散剂辅助DLLME-固化技术-1

　　本节选取低共熔溶剂（麝香草酚-辛酸、麝香草酚-壬酸和麝香草酚-癸酸）作为萃取剂，分散剂（乙腈）辅助分散，悬浮固化收集萃取剂，建立了一种低共熔溶剂-分散剂辅助DLLME-固化技术。采用高效液相色谱-二极管阵列检测器进行定量分析。最终，将该前处理和检测技术应用于谷物（玉米、小麦、大麦和燕麦）中拟除虫菊酯类杀虫剂（联苯菊酯、高效氯氰菊酯和溴氰菊酯）的残留分析。

一、实验方法

　　1. 试样的制备
　　将1g粉碎后的谷物样品加入10mL离心管中，再加入1.5mL乙腈，在3500r/min的转速下涡旋5min，收集上清液并过0.45μm的滤膜，制得样品溶液。

2.低共熔溶剂的制备

将麝香草酚和辛酸按照1∶4的摩尔比加入10mL玻璃离心管中，在70℃的温度下恒温搅拌直至形成均一澄清的液体，制得低共熔溶剂。

3.萃取步骤

将5mL超纯水加入10mL离心管中，然后快速注入60μL低共熔溶剂（萃取剂）和800μL样品溶液（分散剂）的混合溶液，完成分散液液微萃取过程，此时拟除虫菊酯类杀虫剂从分散剂中转移到萃取剂中。将离心管在4000r/min的转速下离心3min，然后置于冰浴中。待上层萃取剂从液态转化为固态后，收集萃取剂到色谱进样瓶中。低共熔溶剂-分散剂辅助DLLME-固化技术的步骤如图2-18所示。

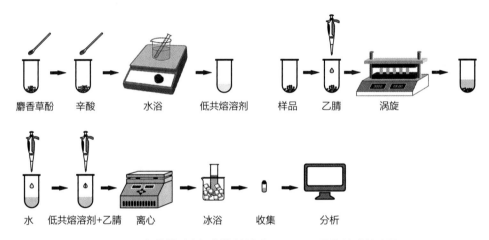

图2-18　低共熔溶剂-分散剂辅助DLLME-固化技术的步骤

4.检测步骤

拟除虫菊酯类杀虫剂（联苯菊酯、高效氯氰菊酯和溴氰菊酯）的分析采用安捷伦1260高效液相色谱-二极管阵列器。进样量为20μL，流动相为乙腈和水（95∶5），流速为0.5mL/min，色谱柱为安捷伦ZORBAX Eclipse Plus C$_{18}$色谱柱（250mm×4.6mm，5μm），柱温为20℃，检测波长为220nm。色谱图如图2-19所示，联苯菊酯（1）、高效氯氟氰菊酯（2）和溴氰菊酯（3）的保留时间分别为9.4min、10.3min和14.7min。

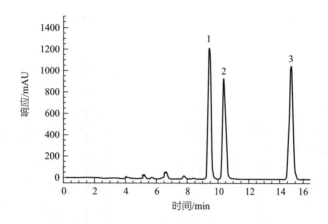

图2-19　联苯菊酯（1）、高效氯氟氰菊酯（2）和溴氰菊酯（3）的色谱图

二、结果与讨论

1. 前处理条件的优化

考察了低共熔溶剂种类分别为麝香草酚-辛酸、麝香草酚-壬酸、麝香草酚-癸酸对萃取效率的影响。结果如图2-20（1）所示，不同低共熔溶剂的回收率没有显著差异，但麝香草酚-辛酸的固化最快。因此，本实验选择麝香草酚-辛酸作为低共熔溶剂。

考察了低共熔溶剂摩尔比分别为1∶5、1∶4、1∶3、1∶2、1∶1、2∶1、3∶1对萃取效率的影响。结果如图2-20（2）所示，当摩尔比为1∶4时，回收率最高。因此，本实验选择1∶4作为低共熔溶剂摩尔比。

考察了萃取剂体积分别为40μL、50μL、60μL、70μL、80μL、90μL、100μL对萃取效率的影响。结果如图2-20（3）所示，随着萃取剂体积的增加，萃取效率先上升后下降。当萃取剂体积为60μL时，回收率最高。因此，本实验选择60μL作为萃取剂体积。

考察了分散剂体积分别为500μL、600μL、700μL、800μL、900μL、1000μL对萃取效率的影响。结果如图2-20（4）所示，随着分散剂体积的增加，萃取效率先上升后下降。当分散剂体积为800μL时，回收率最高。因此，本实验选择800μL作为分散剂体积。

考察了氯化钠用量分别为0mg、300mg、600mg、900mg、1200mg、1500mg对萃取效率的影响。结果如图2-20（5）所示，随着氯化钠用量的增加，萃取效率逐渐下降。因此，本实验不需要添加氯化钠。

考察了pH分别为5、6、7、8、9对萃取效率的影响。结果如图2-20（6）所示，pH对萃取效率没有显著影响。因此，本实验不需要调节pH。

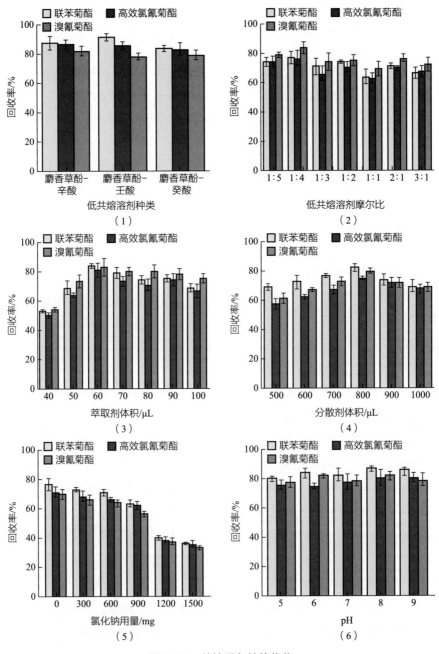

图2-20   前处理条件的优化

2. 方法评价

在优化后的提取和检测条件下，对所建立方法的校正曲线、决定系数、检出限、定量限、日内精密度和日间精密度进行了评价。以样品质量浓度为横坐标，平均峰面积为纵坐标，计算校正曲线如表2-16所示，在0.25~25mg/kg质量浓度范围内决定系数R^2大于0.994。以3倍信噪比计算检出限（LOD）为0.0020~0.0027mg/kg，以10倍信噪比计算定量限（LOQ）为0.0066~0.0089mg/kg。进行3次重复实验，日内相对标准偏差为1.4%~3.5%，日间相对标准偏差为1.5%~3.7%，表明该方法具有良好的线性范围、灵敏度和重复性。

表2-16　拟除虫菊酯类杀虫剂在谷物中的校正曲线、检出限、定量限和相对标准偏差

农药	样品	校正曲线	R^2	LOD/（mg/kg）	LOQ/（mg/kg）	日内RSD/%	日间RSD/%
联苯菊酯	玉米	$y = 111.92x + 6.304$	0.996	0.0026	0.0087	2.8	2.9
	小麦	$y = 97.459x + 15.367$	0.999	0.0026	0.0088	2.5	2.8
	大麦	$y = 119.03x - 9.594$	0.996	0.0027	0.0089	3.2	2.5
	燕麦	$y = 106.81x - 14.262$	0.999	0.0026	0.0088	1.4	2.1
高效氯氟氰菊酯	玉米	$y = 92.415x + 27.432$	0.994	0.0020	0.0066	3.0	2.9
	小麦	$y = 77.721x + 30.420$	0.996	0.0021	0.0069	3.5	2.8
	大麦	$y = 104.66x - 8.4726$	0.999	0.0022	0.0073	2.8	3.2
	燕麦	$y = 93.728x - 6.257$	0.999	0.0021	0.0071	2.9	3.6
溴氰菊酯	玉米	$y = 129.72x - 12.906$	0.999	0.0022	0.0073	3.5	3.7
	小麦	$y = 116.24x + 32.797$	0.994	0.0022	0.0074	2.3	2.4
	大麦	$y = 144.29x - 13.934$	0.999	0.0022	0.0072	2.8	1.5
	燕麦	$y = 130.76x - 15.262$	0.999	0.0022	0.0073	3.3	3.7

3. 实际样品分析

为评价方法的准确度和精密度，将优化后的提取和检测方法应用于谷物

（玉米、小麦、大麦和燕麦）中拟除虫菊酯类杀虫剂（联苯菊酯、高效氯氟氰菊酯和溴氰菊酯）的残留分析。农药在样品中的含量均低于方法检出限，平均添加回收率在75.6%~87.2%，相对标准偏差（RSD）在1.5%~3.6%（表2-17），表明该方法具有良好的准确度和精密度，可用于谷物中拟除虫菊酯类杀虫剂的残留分析。

表2-17　测定谷物中的拟除虫菊酯类杀虫剂

农药	质量浓度/（mg/kg）	玉米		小麦		大麦		燕麦	
		回收率/%	RSD/%	回收率/%	RSD/%	回收率/%	RSD/%	回收率/%	RSD/%
联苯菊酯	0	—	—	—	—	—	—	—	—
	0.25	85.0	3.3	84.5	3.6	83.5	3.3	87.2	2.0
	2.5	80.0	1.6	82.8	3.6	85.0	3.3	84.2	1.5
	25	80.9	2.9	81.9	3.1	85.2	1.5	82.6	2.9
高效氯氟氰菊酯	0	—	—	—	—	—	—	—	—
	0.25	84.4	3.4	82.9	3.5	81.6	2.4	77.3	1.8
	2.5	84.9	3.6	79.1	2.8	83.8	2.8	80.5	2.1
	25	83.3	1.9	80.7	3.3	82.9	3.5	80.4	2.6
溴氰菊酯	0	—	—	—	—	—	—	—	—
	0.25	85.3	2.8	83.9	1.9	79.0	3.0	77.3	1.9
	2.5	75.6	2.5	78.9	2.1	75.7	2.8	78.5	3.4
	25	82.8	2.9	81.8	2.5	80.1	1.5	78.4	3.0

4. 方法比较

将本方法与文献方法在前处理技术、萃取剂及用量、萃取方式及时间、检测技术、回收率和定量限方面进行了比较（表2-18）。本方法只使用了小体积的绿色萃取剂薄荷醇。萃取过程更快，不需要使用涡旋或超声等辅助设备。本方法具有简单、快速、低成本、环境友好的优点。

表2-18　拟除虫菊酯类杀虫剂的方法比较

前处理技术	萃取剂及用量 /µL	萃取方式及时间 /min	检测技术	回收率 / %	LOQ/（µg/kg）	方法比较
DLLME	氯苯 310	超声 3	HPLC-UV	83.3~91.5	1.2~2.5	参考文献[54]
EME	十二醇 300	涡旋 10	HPLC-DAD	70.2~89.2	100~190	参考文献[53]
DLLME	十二醇 200	涡旋 1.5	HPLC-DAD	77.0~98.6	5.6~17.4	参考文献[55]
DLLME	低共熔溶剂 200	—	HPLC-DAD	75.6~87.2	6.6~8.9	本方法

注：EME 为乳化微萃取。

第八节
低共熔溶剂-分散剂辅助DLLME-固化技术-2

本节选取低共熔溶剂（癸酸-香叶醇、十一酸-香叶醇、十二酸-香叶醇、癸酸-芳樟醇、十一酸-芳樟醇和十二酸-芳樟醇）作为萃取剂，分散剂（乙腈）辅助分散，悬浮固化收集萃取剂，建立了一种低共熔溶剂-分散剂辅助DLLME-固化技术。采用高效液相色谱-荧光检测器进行定量分析。最终，将该前处理和检测技术应用于水产动物（海参、鲍鱼和草鱼）中农药助剂（双酚A、4-叔辛基苯酚和壬基酚）的残留分析。

一、实验方法

1.试样的制备
将1g粉碎后的水产动物样品加入5mL离心管中，再加入2mL乙腈，在2000r/min

的转速下涡旋3min，收集上清液并通过0.45μm的滤膜，制得样品溶液。

2.低共熔溶剂的制备

将癸酸和香叶醇按照2∶1的摩尔比加入10mL玻璃离心管中，在80℃的温度下恒温搅拌直至形成均一澄清的液体，制得低共熔溶剂。

3.萃取步骤

将5mL超纯水和400mg氯化钠加入10mL离心管中，然后快速注入100μL低共熔溶剂（萃取剂）和400μL样品溶液（分散剂）的混合溶液，完成分散液液微萃取过程，此时农药助剂从分散剂中转移到萃取剂中。将离心管在3500r/min的转速下离心5min，然后置于冰浴中。待上层萃取剂从液态转化为固态后，收集萃取剂到色谱进样瓶中。

4.检测步骤

农药助剂（双酚A、4-叔辛基苯酚和壬基酚）的分析采用安捷伦1260高效液相色谱-荧光检测器。进样量为20μL，流动相为甲醇和水（90∶10），流速为0.5mL/min，色谱柱为安捷伦ZORBAX Eclipse Plus C$_{18}$色谱柱（150mm×4.6mm，5μm），柱温为20℃，激发波长为228nm，发射波长为305nm。色谱图如图2-21所示，双酚A、4-叔辛基苯酚和壬基酚的保留时间分别为3.7min、7.4min和9.5min。

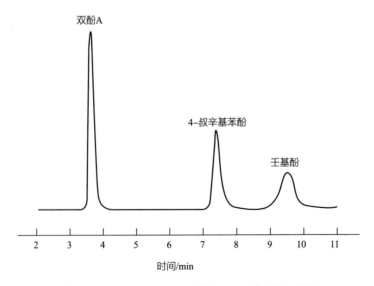

图2-21　双酚A、4-叔辛基苯酚和壬基酚的色谱图

二、结果与讨论

1. 前处理条件的单因素优化

考察了低共熔溶剂种类分别为癸酸-香叶醇、十一酸-香叶醇、十二酸-香叶醇、癸酸-芳樟醇、十一酸-芳樟醇、十二酸-芳樟醇对萃取效率的影响。结果如图2-22所示，当低共熔溶剂种类为癸酸-香叶醇时，回收率最高。因此，本实验选择癸酸-香叶醇作为低共熔溶剂。

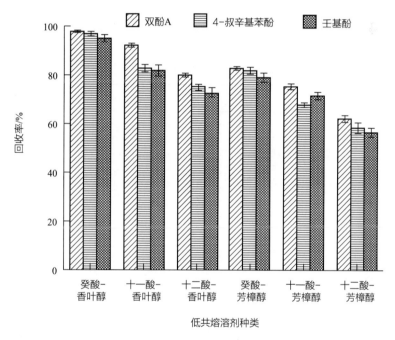

图2-22　低共熔溶剂种类的优化

2. 前处理条件的正交优化

以农药助剂的平均回收率为优化指标，对低共熔溶剂的摩尔比（A）、低共熔溶剂的体积（B）、分散剂体积（C）、氯化钠用量（D）进行四因素五水平的正交试验（表2-19）。极差分析结果如表2-20所示，农药助剂的最佳前处理条件为$A_2B_2C_2D_3$，即低共熔溶剂的摩尔比2∶1、低共熔溶剂的体积100μL、分散剂体积400μL、氯化钠用量400mg。按照最佳前处理条件进行验证试验，农药助剂的平均回收率为91.4%。

表2-19　正交试验因素水平表

水平	因素			
	A	B/μL	C/μL	D/mg
1	3 : 1	80	200	0
2	2 : 1	100	400	200
3	1 : 1	120	600	400
4	1 : 2	140	800	600
5	1 : 3	160	1000	800

表2-20　试验结果

试验号	A	B	C	D	回收率/%
1	1	1	1	1	75.8
2	1	2	2	2	81.5
3	1	3	3	3	83.6
4	1	4	4	4	78.2
5	1	5	5	5	79.7
6	2	1	2	3	83.4
7	2	2	3	4	89.3
8	2	3	4	5	75.7
9	2	4	5	1	73.6
10	2	5	1	2	81.3
11	3	1	3	5	50.5
12	3	2	4	1	67.7
13	3	3	5	2	55.6
14	3	4	1	3	70.4
15	3	5	2	4	84.5
16	4	1	4	2	76.8

续表

试验号	A	B	C	D	回收率/%
17	4	2	5	3	71.3
18	4	3	1	4	49.4
19	4	4	2	5	69.5
20	4	5	3	1	58.6
21	5	1	5	4	68.2
22	5	2	1	5	70.3
23	5	3	2	1	59.6
24	5	4	3	2	50.7
25	5	5	4	3	75.5
k_1	79.8	70.9	69.4	67.1	
k_2	80.7	76.0	75.7	69.2	
k_3	65.7	64.8	66.5	76.8	
k_4	65.1	68.5	74.8	73.9	
k_5	64.9	75.9	69.7	69.1	
R	15.8	11.2	9.2	9.8	

3. 方法评价

在优化后的提取和检测条件下,对所建立方法的校正曲线、决定系数、检出限、定量限、日内精密度和日间精密度进行评价。以样品质量浓度为横坐标,平均峰面积为纵坐标,计算校正曲线如表2-21所示,在0.25~10mg/kg质量浓度范围内决定系数R^2大于0.998。以3倍信噪比计算检出限(LOD)为0.075mg/kg,以10倍信噪比计算定量限(LOQ)为0.25mg/kg。进行3次重复实验,日内相对标准偏差为0.7%~2.5%,日间相对标准偏差为1.9%~3.8%。表明该方法具有良好的线性范围、灵敏度和重复性。

表2-21   农药助剂在水产动物中的校正曲线、检出限、定量限和相对标准偏差

农药助剂	校正曲线	R^2	LOD/（mg/kg）	LOQ/（mg/kg）	日内RSD/%	日间RSD/%
双酚A	$y = 30.15x + 0.8610$	0.999	0.075	0.25	1.1	2.1
4-叔辛基苯酚	$y = 19.25x + 3.846$	0.998	0.075	0.25	0.7	1.9
壬基酚	$y = 18.07x + 6.028$	0.998	0.075	0.25	2.5	3.8

4. 实际样品分析

为评价方法的准确度和精密度，将优化后的提取和检测方法应用于水产动物（海参、鲍鱼和草鱼）中农药助剂（双酚A、4-叔辛基苯酚和壬基酚）的残留分析。农药在样品中的含量均低于方法检出限，平均添加回收率在78.7%~91.6%，相对标准偏差（RSD）在0.3%~2.8%（表2-22），表明该方法具有良好的准确度和精密度，可用于水产动物中农药助剂的残留分析。

表2-22   测定水产动物中的农药助剂

农药助剂	质量浓度/（mg/kg）	海参		鲍鱼		草鱼	
		回收率/%	RSD/%	回收率/%	RSD/%	回收率/%	RSD/%
双酚A	0	—	—	—	—	—	—
	0.25	78.8	0.3	84.1	1.1	83.5	2.0
	2.5	80.1	2.1	83.7	0.7	84.4	2.7
4-叔辛基苯酚	0	—	—	—	—	—	—
	0.25	85.2	1.6	79.1	2.1	91.6	2.1
	2.5	80.2	2.7	83.4	1.4	85.4	2.6
壬基酚	0	—	—	—	—	—	—
	0.25	78.7	0.8	90.8	2.5	90.1	2.8
	2.5	83.6	2.3	85.8	0.6	84.1	1.4

第三章

新型分散剂辅助分散液液微萃取技术的应用

第一节
脂肪醇-新型分散剂辅助DLLME-免离心-固化技术

本节选取脂肪醇（十一醇）、脂肪酸（癸酸）、离子液体（1-辛基-3-甲基咪唑六氟磷酸盐）、低共熔溶剂（薄荷醇-月桂酸）作为萃取剂，新型分散剂（羟丙基-β-环糊精水溶液、甲基-β-环糊精水溶液、磺丁基-β-环糊精水溶液、羟基-β-环糊精水溶液、羧甲基-β-环糊精水溶液）辅助分散，新型去乳化剂（羟丙基-β-环糊精水溶液）辅助分相，建立了一种脂肪醇-新型分散剂辅助DLLME-免离心-固化技术。采用高效液相色谱-二极管阵列检测器进行定量分析。最终，将该前处理和检测技术应用于水、果汁、食醋中三唑类杀菌剂（氟环唑和戊唑醇）和甲氧基丙烯酸酯类杀菌剂（吡唑醚菌酯和肟菌酯）的残留分析。

一、实验方法

1. 萃取步骤

将200μL十一醇（萃取剂）和600μL的500mg/mL环糊精水溶液（分散剂）加入1.5mL离心管中，用移液枪抽打4次，制得萃取剂和分散剂的混合溶液。将10mL样品加入15mL离心管中，然后快速注入萃取剂和分散剂的混合溶液，完成分散液液微萃取过程，此时三唑类杀菌剂和甲氧基丙烯酸酯类杀菌剂从样品中转移到萃取剂中。将700μL的714mg/mL环糊精水溶液（去乳化剂）快速注入样品，无须离心即可实现萃取剂与样品的分相，然后置于冰浴中，待上层萃取剂从液态转化为固态后，收集萃取剂到色谱进样瓶中。脂肪醇-新型分散剂辅助DLLME-免离心-固化技术的步骤如图3-1所示。

2. 检测步骤

三唑类杀菌剂（氟环唑和戊唑醇）和甲氧基丙烯酸酯类杀菌剂（吡唑醚菌酯和肟菌酯）的分析采用安捷伦1260高效液相色谱-二极管阵列器。进样量为20μL，流动相为甲醇和水（87∶13），流速为0.5mL/min，色谱柱为安捷伦ZORBAX SB-C$_{18}$色谱柱（150mm×4.6mm，5μm），柱温为25℃，检测波长分别为220nm、220nm、275nm和251nm。色谱图如图3-2所示，氟环唑（1）、戊唑醇（2）、吡唑醚菌酯（3）

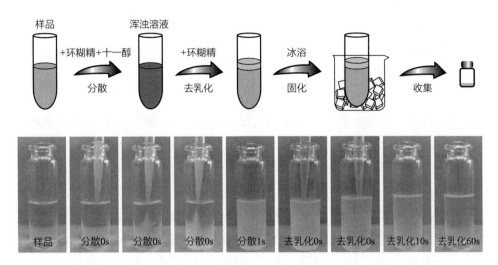

图3-1　脂肪醇-新型分散剂辅助DLLME-免离心-固化技术的步骤

和肟菌酯（4）的保留时间分别为8.4min、9.6min、10.2min和11.0min。

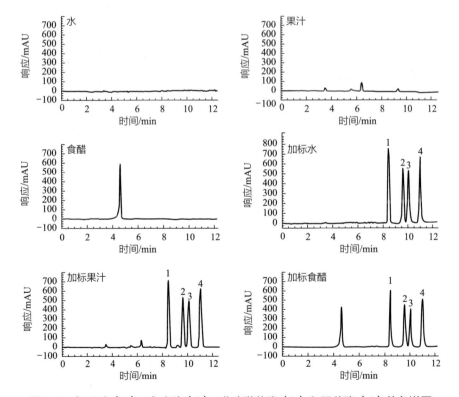

图3-2　氟环唑（1）、戊唑醇（2）、吡唑醚菌酯（3）和肟菌酯（4）的色谱图

二、结果与讨论

1. 前处理条件的优化

考察了萃取剂种类分别为离子液体（1-辛基-3-甲基咪唑六氟磷酸盐）、脂肪醇（十一醇）、脂肪酸（癸酸）、低共熔溶剂（薄荷醇-十二酸）对萃取效率的影响。结果如图3-3（1）所示，当萃取剂为十一醇时，峰面积最大。因此，本实验选择十一醇作为萃取剂。

考察了萃取剂体积分别为100μL、150μL、200μL、250μL、300μL、350μL、400μL、450μL、500μL对萃取效率的影响。结果如图3-3（2）所示，随着萃取剂体积的增加，萃取效率先上升后下降。当萃取剂体积为200μL时，峰面积最大。因此，本实验选择200μL作为萃取剂体积。

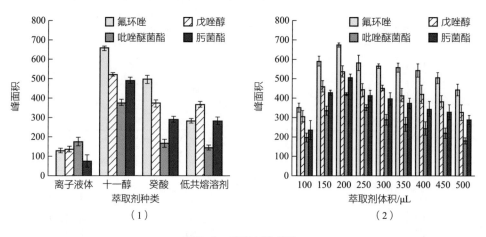

图3-3　萃取剂的优化

考察了分散剂中环糊精种类分别为羟丙基-β-环糊精、羟基-β-环糊精、磺丁基-β-环糊精、甲基-β-环糊精、羧甲基-β-环糊精对萃取效率的影响。结果如图3-4（1）所示，当分散剂中环糊精为羟丙基-β-环糊精时，峰面积最大。因此，本实验选择羟丙基-β-环糊精作为分散剂中的环糊精。

考察了分散剂中羟丙基-β-环糊精用量分别为50mg、100mg、200mg、300mg、400mg、500mg、750mg对萃取效率的影响。结果如图3-4（2）所示，随着分散剂中羟丙基-β-环糊精用量的增加，萃取效率先上升后下降。当分散剂中羟丙基-β-

环糊精用量为300mg时，峰面积最大。因此，本实验选择300mg作为分散剂中羟丙基-β-环糊精用量。

考察了分散剂体积分别为300μL、400μL、500μL、600μL、700μL、800μL、900μL、1000μL对萃取效率的影响。结果如图3-4（3）所示，随着分散剂体积的增加，萃取效率先上升后下降。当分散剂体积为600μL时，峰面积最大。因此，本实验选择600μL作为分散剂体积。

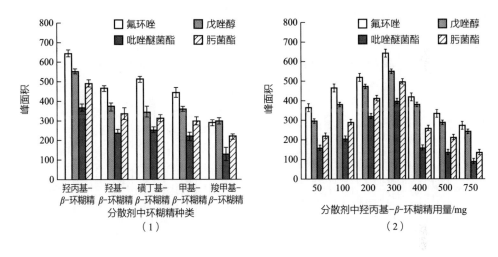

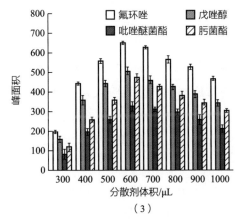

图3-4　分散剂的优化

考察了去乳化剂中羟丙基-β-环糊精用量分别为50mg、100mg、200mg、300mg、400mg、500mg、600mg、750mg对萃取效率的影响。结果如图3-5（1）所示，随着去乳化剂中羟丙基-β-环糊精用量的增加，萃取效率先上升后下降。当去乳化剂中羟丙基-β-环糊精用量为500mg时，峰面积最大。因此，本实验选择500mg作为去乳化剂中羟丙基-β-环糊精用量。

考察了去乳化剂体积分别为400μL、500μL、600μL、700μL、800μL、900μL、1000μL、1100μL对萃取效率的影响。结果如图3-5（2）所示，随着去乳化剂体积的增加，萃取效率先上升后下降。当去乳化剂体积为700μL时，峰面积最大。因此，本实验选择700μL作为去乳化剂体积。

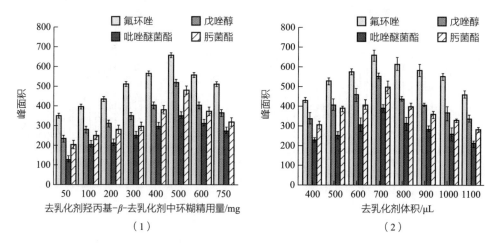

图3-5　去乳化剂的优化

考察了混合次数分别为0次、1次、2次、3次、4次、5次、6次、7次、10次对萃取效率的影响。将萃取剂和分散剂吸入移液吸头，再打回1.5mL离心管，视为一次混合。结果如图3-6（1）所示，随着混合次数的增加，萃取效率先上升后下降。当混合次数为4次时，峰面积最大。因此，本实验选择4次作为混合次数。

考察了氯化钠用量分别为0mg、100mg、200mg、400mg、600mg、800mg、1000mg、1200mg对萃取效率的影响。结果如图3-6（2）所示，随着氯化钠用量的增加，萃取效率逐渐下降。因此，本实验不需要添加氯化钠。

考察了pH分别为3、4、5、6、7、8、9、10、11对萃取效率的影响。结果如图3-6（3）所示，pH对萃取效率没有显著影响。因此，本实验不需要调节pH。

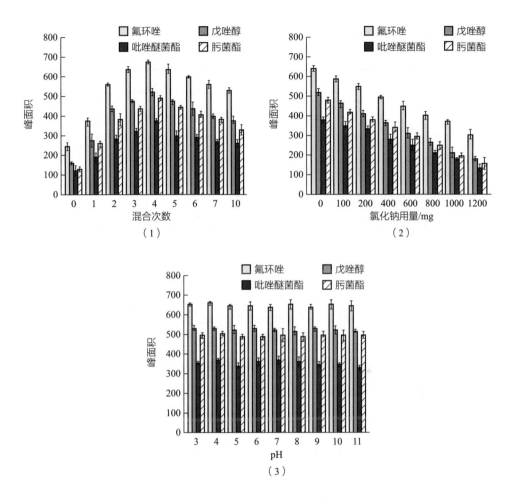

图3-6　其他前处理条件的优化

2.方法评价

在优化后的提取和检测条件下，对所建立方法的校正曲线、决定系数、检出限、定量限、日内精密度和日间精密度进行了评价。以样品质量浓度为横坐标，平均峰面积为纵坐标，计算校正曲线如表3-1所示，在0.001~0.1mg/L质量浓度范围内决定系数R^2大于0.999。以3倍信噪比计算检出限（LOD）为0.0003mg/L，以10倍信噪比计算定量限（LOQ）为0.001mg/L。进行3次重复实验，日内相对标准偏差为2.5%~4.7%，日间相对标准偏差为2.2%~5.0%，表明该方法具有良好的线性范围、灵敏度和重复性。

表3-1　三唑类杀菌剂和甲氧基丙烯酸酯类杀菌剂在水、果汁、食醋中的
校正曲线、检出限、定量限和相对标准偏差

农药	校正曲线	R^2	LOD/ （mg/L）	LOQ/ （mg/L）	日内 RSD/ %	日间 RSD/ %
氟环唑	$y = 122.702x + 0.595$	0.999	0.0003	0.001	4.1	5.0
戊唑醇	$y = 98.314x - 0.186$	0.999	0.0003	0.001	4.7	3.1
吡唑醚菌酯	$y = 66.935x - 1.499$	0.999	0.0003	0.001	3.1	4.5
肟菌酯	$y = 108.946x + 2.560$	0.999	0.0003	0.001	2.5	2.2

3. 实际样品分析

为评价方法的准确度和精密度，将优化后的提取和检测方法应用于水、果汁、食醋中三唑类杀菌剂（氟环唑和戊唑醇）和甲氧基丙烯酸酯类杀菌剂（吡唑醚菌酯和肟菌酯）的残留分析。农药在样品中的含量均低于方法检出限，平均添加回收率在83.2%~103.2%，相对标准偏差（RSD）在0.3%~6.8%（表3-2），表明该方法具有良好的准确度和精密度，可用于水、果汁、食醋中三唑类杀菌剂和甲氧基丙烯酸酯类杀菌剂的残留分析。

表3-2　测定水、果汁、食醋中的三唑类杀菌剂和甲氧基丙烯酸酯类杀菌剂

农药	质量浓度 / （mg/L）	水		果汁		食醋	
		回收率 / %	RSD/ %	回收率 / %	RSD/ %	回收率 / %	RSD/ %
氟环唑	0	—	—	—	—	—	—
	0.001	91.4	2.1	89.6	1.1	92.5	0.4
	0.01	101.8	5.4	95.3	2.3	93.4	5.7
	0.1	101.5	0.8	101.7	0.4	103.2	0.3
戊唑醇	0	—	—	—	—	—	—
	0.001	85.2	3.6	83.2	3.1	86.7	6.8
	0.01	92.3	4.6	93.1	3.8	91.4	4.7
	0.1	95.8	0.7	89.6	2.5	93.4	2.3

续表

农药	质量浓度 /（mg/L）	水		果汁		食醋	
		回收率 /%	RSD/%	回收率 /%	RSD/%	回收率 /%	RSD/%
吡唑醚菌酯	0	—	—	—	—	—	—
	0.001	89.0	1.0	91.1	6.7	92.9	1.1
	0.01	91.3	3.1	91.9	1.8	101.9	2.9
	0.1	93.4	2.8	100.1	1.7	102.5	3.3
肟菌酯	0	—	—	—	—	—	—
	0.001	87.1	2.6	92.0	5.6	87.6	4.6
	0.01	91.0	1.8	92.0	1.5	92.3	2.3
	0.1	92.5	1.5	96.7	2.1	94.5	3.8

4. 方法比较

将本方法与文献方法在前处理技术、萃取剂、萃取时间、设备、离心时间、检测技术、回收率和定量限方面进行了比较（表3-3）。本方法只使用了一种绿色溶剂（十一醇），萃取时间只需1s，不需要使用自制装置、涡旋、水浴或离心等辅助设备。本方法具有快速、简单、环境友好的优点。

表3-3　三唑类杀菌剂和甲氧基丙烯酸酯类杀菌剂的方法比较

前处理技术	萃取剂	萃取时间 / min	设备	离心时间 / min	检测技术	回收率 /%	LOQ/（μg/L）	方法比较
SDME	离子液体	130	自制装置	—	HPLC-DAD	70.0~122.0	25~500	参考文献[59]
DLLME	十二醇	0.5	离心机	3	HPLC-DAD	77.6~104.4	10~1000	参考文献[60]
DLLME	离子液体乙腈	2	涡旋仪离心机	5	HPLC-PDA	71.0~104.5	30~15000	参考文献[61]
DLLME	癸醇四氢呋喃	0.5	涡旋仪离心机	5	HPLC-DAD	105.5~110.3	0.78~400	参考文献[62]

续表

前处理技术	萃取剂	萃取时间 / min	设备	离心时间 / min	检测技术	回收率 / %	LOQ/（μg/L）	方法比较
SSME	十二醇	1.2	水浴离心机	4	HPLC-UV	76.0~101.0	0.6~30	参考文献[63]
SEEME	乙酸戊酯离子液体吐温20	0.25	涡旋仪离心机	5	HPLC-UVD	94.1~107.8	5~200	参考文献[64]
DLLME	十一醇	<0.02	—	—	HPLC-DAD	83.2~103.2	1~100	本方法

注：SSME 为超分子溶剂微萃取；SEEME 为表面活性剂增强乳化微萃取。

第二节
低共熔溶剂-新型分散剂辅助DLLME技术

本节选取低共熔溶剂（四丁基溴化铵-十一醇、四丁基溴化铵-薄荷醇、四丁基溴化铵-松油醇、四丁基溴化铵-香叶醇、四丁基溴化铵-芳樟醇和四丁基溴化铵-香茅醇）作为萃取剂，低共熔溶剂中的四丁基溴化铵溶液作为新型分散剂辅助分散，建立了一种低共熔溶剂-新型分散剂辅助DLLME技术。采用智能手机-数字图像比色法进行定量分析。最终，将该前处理和检测技术应用于谷物（大米、小麦、高粱、玉米、小米）中有机磷类杀虫剂（对硫磷）的残留分析。

一、实验方法

1. 亲水低共熔溶剂的制备
将氯化胆碱和丙二醇按照1∶3的摩尔比加入10mL玻璃离心管中，在80℃的温度下恒温搅拌直至形成均一澄清的液体，制得亲水低共熔溶剂。

2.试样的制备

将0.1g粉碎后的谷物样品加入0.5mL离心管中，再加入0.2mL亲水低共熔溶剂，涡旋1min，在3260g的离心力下离心1min，收集上清液，制得样品溶液。

3.疏水低共熔溶剂的制备

将四丁基溴化铵和松油醇按照1∶1的摩尔比加入10mL玻璃离心管中，在80℃的温度下恒温搅拌直至形成均一澄清的液体，制得疏水低共熔溶剂。

4.萃取步骤

将100μL样品溶液和100μL的5mol/L的氢氧化钠溶液加入0.5mL离心管中，然后快速注入疏水低共熔溶剂，疏水低共熔溶剂中的四丁基溴化铵溶液使松油醇均匀分散在样品溶液中，完成分散液液微萃取过程，此时对硫磷与四丁基溴化铵生成的黄色产物（图3-7）从样品溶液中转移到被分散的松油醇中。将离心管在3260g的离心力下离心1min，用进样针吸出水相后得到萃取剂。低共熔溶剂-新型分散剂辅助DLLME技术的步骤如图3-8所示。

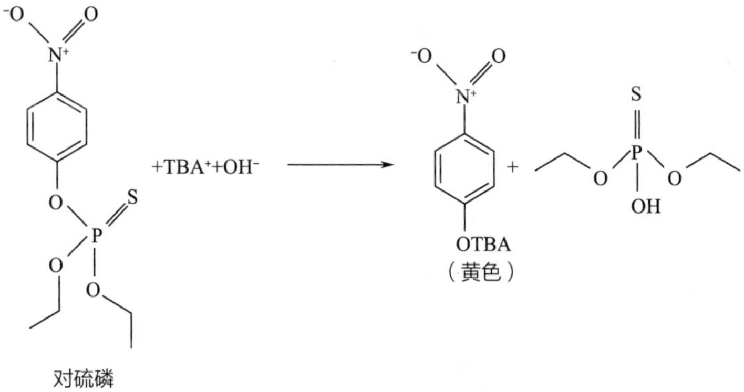

图3-7　对硫磷的显色反应

5.检测步骤

有机磷类杀虫剂（对硫磷）的数字图像比色分析采用华为Mate 40智能手机。将离心管置入不透光的拍照灯箱中，在恒定LED灯亮度和手机摆放位置的条件下进行拍照，在RGB模式下读取数据计算强度I，其中$I=R/B$，R为红色通道的数值，B为蓝色通道的数值。

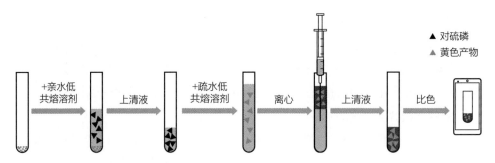

图3-8　低共熔溶剂-新型分散剂辅助DLLME技术的步骤

二、结果与讨论

1.试样制备条件的优化

考察了亲水低共熔溶剂种类分别为氯化胆碱-乙二醇、氯化胆碱-丙二醇、氯化胆碱-丁二醇对萃取效率的影响。结果如图3-9（1）所示，当亲水低共熔溶剂为氯化胆碱-丙二醇时，回收率最高。因此，本实验选择氯化胆碱-丙二醇作为亲水低共熔溶剂种类。

考察了亲水低共熔溶剂摩尔比分别为2∶1、1∶1、1∶2、1∶3、1∶4、1∶5、1∶6对萃取效率的影响。当摩尔比为2∶1时，无法合成低共熔溶剂。其余6种摩尔比结果如图3-9（2）所示，当摩尔比为1∶3时，回收率最高。因此，本实验选择1∶3作为亲水低共熔溶剂摩尔比。

考察了亲水低共熔溶剂体积分别为140μL、160μL、180μL、200μL、220μL、240μL、260μL对萃取效率的影响。结果如图3-9（3）所示，随着亲水低共熔溶剂体积的增加，萃取效率先上升后下降。当亲水低共熔溶剂体积为200μL时，回收率最高。因此，本实验选择200μL作为亲水低共熔溶剂体积。

考察了涡旋时间分别为15s、30s、60s、90s、120s、180s对萃取效率的影响。结果如图3-9（4）所示，随着涡旋时间的增加，萃取效率先上升后稳定。当涡旋时间为60s时，回收率最高。因此，本实验选择60s作为涡旋时间。

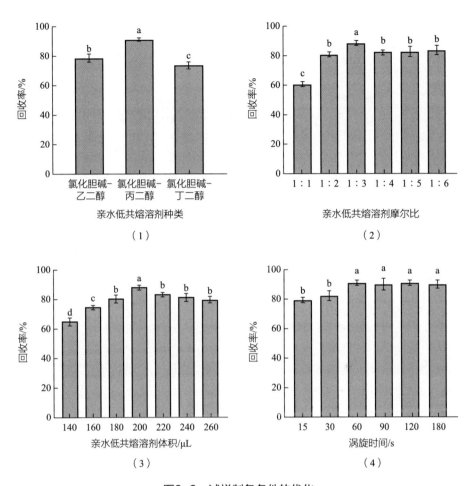

图3-9　试样制备条件的优化

2.前处理条件的优化

测定了反应体系a（对硫磷+亲水低共熔溶剂）、反应体系b（对硫磷+亲水低共熔溶剂+疏水低共熔溶剂）、反应体系c（对硫磷+亲水低共熔溶剂+氢氧化钠）、反应体系d（对硫磷+亲水低共熔溶剂+氢氧化钠+疏水低共熔溶剂）的紫外可见光谱图。结果如图3-10所示，只有反应体系d在410nm处出现了较强的吸收峰。对硫磷在碱性条件下水解产生对硝基苯酚，对硝基苯酚以离子形式存在。疏水低共熔溶剂可解离产生四丁基铵离子。四丁基铵离子与硝基苯氧负离子结合，产生黄色的产物，验证了对硫磷检测方法的可行性。

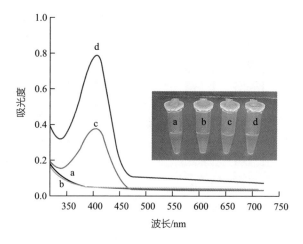

彩图

图3-10　不同反应体系的紫外可见光谱图

a—对硫磷 + 亲水低共熔溶剂
b—对硫磷 + 亲水低共熔溶剂 + 疏水低共熔溶剂
c—对硫磷 + 亲水低共熔溶剂 + 氢氧化钠
d—对硫磷 + 亲水低共熔溶剂 + 氢氧化钠 + 疏水低共熔溶剂

考察了疏水低共熔溶剂种类分别为四丁基溴化铵-十一醇、四丁基溴化铵-薄荷醇、四丁基溴化铵-松油醇、四丁基溴化铵-香茅醇对萃取效率的影响。四丁基溴化铵-香叶醇、四丁基溴化铵-芳樟醇合成的疏水低共熔溶剂为黄色，会干扰黄色产物的检测。其余4种疏水低共熔溶剂结果如图3-11（1）所示，当疏水低共熔溶剂为四丁基溴化铵-松油醇时，回收率最高。因此，本实验选择四丁基溴化铵-松油醇作为疏水低共熔溶剂种类。

考察了疏水低共熔溶剂摩尔比分别为5∶1、4∶1、3∶1、2∶1、1∶1、1∶2、1∶3对萃取效率的影响。当摩尔比为1∶3时，无法合成低共熔溶剂。其余6种摩尔比结果如图3-11（2）所示，当摩尔比为1∶1时，回收率最高。因此，本实验选择1∶1作为疏水低共熔溶剂摩尔比。

考察了疏水低共熔溶剂体积分别为50μL、75μL、100μL、125μL、150μL、175μL、200μL对萃取效率的影响。结果如图3-11（3）所示，随着疏水低共熔溶剂体积的增加，萃取效率先上升后下降。当疏水低共熔溶剂体积为100μL时，回收率最高。因此，本实验选择100μL作为疏水低共熔溶剂体积。

考察了氢氧化钠溶液（5mol/L）体积分别为50μL、75μL、100μL、125μL、

150μL、175μL、200μL对萃取效率的影响。结果如图3-11（4）所示，随着氢氧化钠溶液的增加，萃取效率先上升后下降。当氢氧化钠溶液体积为100μL时，回收率最高。因此，本实验选择100μL作为氢氧化钠溶液体积。

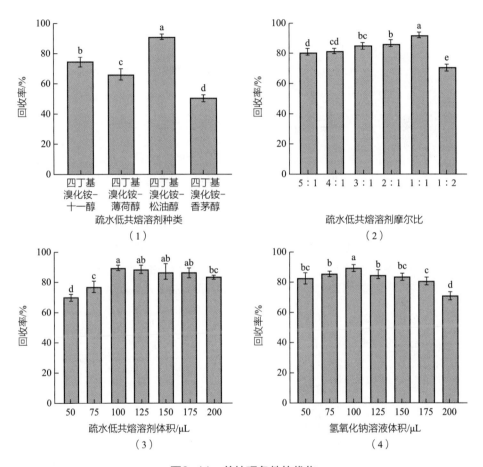

图3-11　前处理条件的优化

3. 方法评价

在优化后的提取和检测条件下，对所建立方法的校正曲线、决定系数、检出限和定量限进行了评价。以样品质量浓度为横坐标，平均强度I为纵坐标，计算校正曲线为$y = 0.0261x + 1.1816$（图3-12），在0.01~5mg/kg质量浓度范围内决定系数R^2大于0.996。以3倍信噪比计算检出限（LOD）为0.003mg/kg，以10倍信噪比计算定量限（LOQ）为0.01mg/kg，表明该方法具有良好的线性范围和灵敏度。

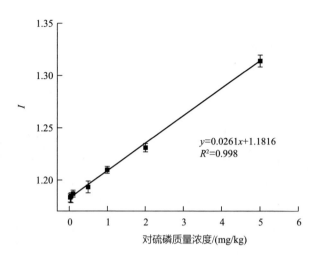

图3-12　对硫磷在谷物中的校正曲线

　　在相同质量浓度下评价了不同有机磷杀虫剂（毒死蜱、马拉硫磷、辛硫磷、敌百虫、亚胺硫磷、乙酰甲胺磷）和不同共存物质对对硫磷的干扰。不同共存物质包括碳水化合物类（支链淀粉、葡萄糖）、蛋白质类（清蛋白、色氨酸）、脂类（亚油酸、卵磷脂）、维生素类（盐酸硫胺、烟酸）、纤维类（纤维素、木质素）、矿物质类（钙离子、钾离子）。不同有机磷杀虫剂（图3-13）和不同共存物质（图3-14）不会对对硫磷的检测产生干扰，表明该方法具有良好的选择性。

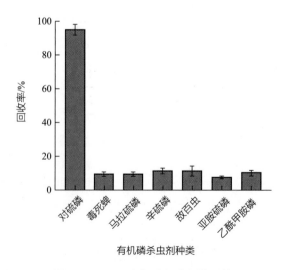

图3-13　不同有机磷杀虫剂的干扰

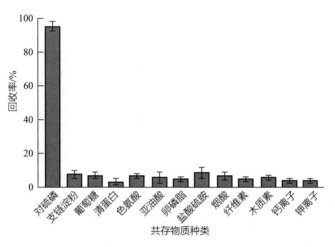

图3-14　不同共存物质的干扰

4.实际样品分析

为评价方法的准确度和精密度，将优化后的提取和检测方法应用于谷物（大米、小麦、高粱、玉米、小米）中有机磷类杀虫剂（对硫磷）的残留分析。农药在样品中的含量均低于方法检出限，平均添加回收率在94.8%~106.2%，相对标准偏差（RSD）在0.6%~3.6%（表3-4），与标准方法GB 23200.116—2019《食品安全国家标准　植物源性食品中90种有机磷类农药及其代谢物残留量的测定　气相色谱法》无显著差异，表明该方法具有良好的准确度和精密度，可用于谷物中有机磷类杀虫剂（对硫磷）的残留分析。

表3-4　测定谷物中的对硫磷

方法	质量浓度 /（mg/kg）	大米		小麦		高粱		玉米		小米	
		回收率 /%	RSD/%	回收率 /%	RSD/%	回收率 /%	RSD/%	回收率 /%	RSD/%	回收率 /%	RSD/%
本方法	0	—	—	—	—	—	—	—	—	—	—
	0.05	94.8	2.5	99.9	2.3	100.0	3.6	96.1	2.5	98.6	3.1
	0.5	98.2	1.9	99.4	3.4	102.2	2.1	97.4	2.3	99.9	1.9
	5	100.4	1.4	106.2	1.2	105.1	1.4	100.7	1.7	102.2	1.6

续表

方法	质量浓度 / (mg/kg)	大米		小麦		高粱		玉米		小米	
		回收率 / %	RSD/ %	回收率 / %	RSD/ %	回收率 / %	RSD/ %	回收率 / %	RSD/ %	回收率 / %	RSD/ %
标准方法	0	—	—	—	—	—	—	—	—	—	—
	0.05	88.2	1.5	90.8	1.3	89.2	1.3	94.9	1.9	91.3	1.0
	0.5	90.8	0.9	91.4	0.8	90.9	0.6	98.6	1.5	95.5	0.8
	5	92.0	1.3	93.9	1.0	92.1	1.5	102.8	0.7	95.6	0.7

5. 方法比较

将本方法与文献方法在前处理技术、萃取剂及用量、萃取方式及时间、检测技术、检测时间、回收率和检出限方面进行了比较（表3-5）。本方法只使用了小体积的绿色萃取剂低共熔溶剂，萃取过程更快，不需要耗时的蒸发和复溶操作；智能手机相比于其他分析仪器，分析时间短、易操作、无须专业训练的操作人员。本方法具有环境友好、节省溶剂、快速、易操作、低成本的优点。

表3-5　对硫磷的方法比较

前处理技术	萃取剂及用量 /mL	萃取方式及时间 /min	检测技术	检测时间 / min	回收率 /%	LOD/ (mg/L)	方法比较
SLE	乙腈 10	涡旋 10 振荡 3 蒸发复溶	ICA	25	85.2~ 111.4	0.0004	参考文献 [65]
SLE SPME	乙腈 15 （ ×2 ） 苯 15 （ ×2 ）	超声 30（ ×2 ） 搅拌 50 蒸发复溶	HPLC- UV	6.5	82.0~ 96.0	0.003~ 0.01	参考文献 [66]
SLE MSPE	乙腈 8 （ ×3 ）	超声 30（ ×3 ） 涡旋 30 蒸发复溶	GC- FPD	16.5	97.0~ 121.0	0.0007~ 0.003	参考文献 [67]
SLE DLLME	低共熔溶剂 0.3	涡旋 1	智能手机- 数字图像比色法	<1	94.8~ 106.2	0.003	本方法

注：SLE 为固液萃取；SPME 为固相微萃取；MSPE 为磁固相萃取；ICA 为免疫层析法。

第三节
磁性低共熔溶剂-新型分散剂辅助DLLME-固化技术

本节选取磁性低共熔溶剂（己基三甲基溴化铵-氯化钴-乙酸、辛基三甲基溴化铵-氯化钴-乙酸、十烷基三甲基溴化铵-氯化钴-乙酸、十二烷基三甲基溴化铵-氯化钴-乙酸、正辛基三甲基溴化铵-氯化锰-乙酸、正辛基三甲基溴化铵-氯化铁-乙酸、正辛基三甲基溴化铵-氯化铁-丙酸、正辛基三甲基溴化铵-氯化铁-丁酸、正辛基三甲基溴化铵-氯化铁-戊酸和正辛基三甲基溴化铵-氯化铁-己酸）作为萃取剂，磁性低共熔溶剂中的脂肪酸（乙酸、丙酸、丁酸、戊酸和己酸）作为新型分散剂辅助分散，建立了一种磁性低共熔溶剂-新型分散剂辅助DLLME-固化技术。采用超高效液相色谱-二极管阵列检测器进行定量分析。最终，将该前处理和检测技术应用于谷物（玉米、大米、小麦、小米和高粱）中三唑类杀菌剂（氯氟醚菌唑）的残留分析。

一、实验方法

1. 试样的制备

将8g粉碎后的谷物样品加入15mL离心管中，再加入8mL正己烷，在2500r/min的转速下涡旋1.5min，收集上清液并通过0.22μm的滤膜，制得样品溶液。

2. 磁性低共熔溶剂的制备

将辛基三甲基溴化铵、氯化钴和乙酸按照1∶0.06∶5的摩尔比加入10mL玻璃离心管中，在80℃的温度下恒温搅拌直至形成均一澄清的液体，制得低共熔溶剂。

3. 萃取步骤

将3mL样品溶液加入10mL离心管中，然后快速注入磁性低共熔溶剂，磁性低共熔溶剂中的乙酸使正辛基三甲基溴化铵-氯化钴均匀分散在样品溶液中，完成分散液液微萃取过程，此时三唑类杀菌剂从样品溶液中转移到被分散的正辛基三甲基溴化铵-氯化钴中。将30mg羰基铁粉加入样品溶液中，增强正辛基三甲基溴化铵-氯化钴的磁性，然后在磁铁的帮助下收集萃取剂，通过0.22μm的滤膜到色谱进样瓶中。磁性低共熔溶剂-新型分散剂辅助DLLME-固化技术的步骤如图3-15所示。

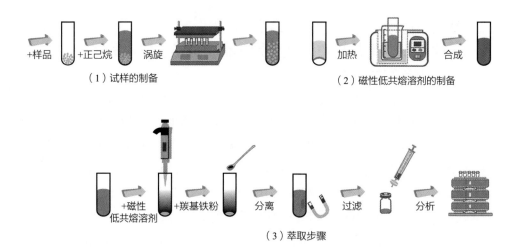

图3-15   磁性低共熔溶剂-新型分散剂辅助DLLME-固化技术的步骤

4.检测步骤

三唑类杀菌剂（氯氟醚菌唑）的分析采用安捷伦1290超高效液相色谱-二极管阵列器。进样量为20μL，流动相为甲醇和水（70∶30），流速为0.8mL/min，色谱柱为大赛璐CHIRALCEL® OD-3手性色谱柱（250mm×4.6mm，3μm），柱温为20℃，检测波长为230nm。色谱图如图3-16所示，S-氯氟醚菌唑（1）和R-氯氟醚菌唑（2）的保留时间分别为35.0min和38.4min。

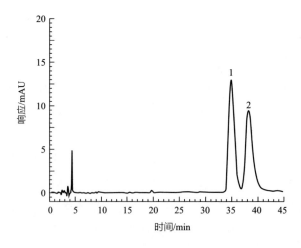

图3-16   氯氟醚菌唑的色谱图

1—S-氯氟醚菌唑   2—R-氯氟醚菌唑

二、结果与讨论

1.试样制备条件的优化

考察了正己烷体积分别为2mL、4mL、6mL、8mL、10mL、12mL对萃取效率的影响。结果如图3-17（1）所示，随着萃取剂体积的增加，萃取效率先上升后下降。当正己烷体积为8mL时，回收率最高。因此，本实验选择8mL作为正己烷体积。

考察了涡旋时间分别为15s、30s、45s、60s、90s、120s、180s对萃取效率的影响。结果如图3-17（2）所示，随着涡旋时间的增加，萃取效率先上升后下降。当涡旋时间为90s时，回收率最高。因此，本实验选择90s作为涡旋时间。

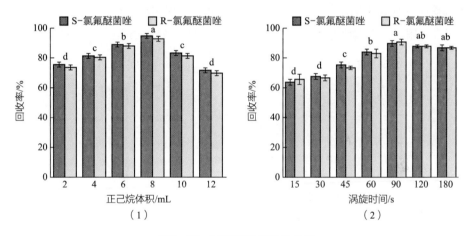

图3-17　试样制备条件的优化

2.前处理条件的单因素优化

考察了磁性低共熔溶剂中季铵盐种类分别为己基三甲基溴化铵、辛基三甲基溴化铵、十烷基三甲基溴化铵、十二烷基三甲基溴化铵对萃取效率的影响。结果如图3-18（1）所示，当季铵盐为辛基三甲基溴化铵时，回收率最高。因此，本实验选择辛基三甲基溴化铵作为季铵盐。

考察了磁性低共熔溶剂中氯化物种类分别为氯化锰、氯化铁、氯化钴对萃取效率的影响。结果如图3-18（2）所示，当氯化物为氯化钴时，回收率最高。因此，本实验选择氯化钴作为氯化物。

考察了磁性低共熔溶剂中脂肪酸种类分别为乙酸、丙酸、丁酸、戊酸、己酸、庚酸对萃取效率的影响。结果如图3-18（3）所示，当脂肪酸为乙酸时，回收率最高。因此，本实验选择乙酸作为脂肪酸。

考察了磁性低共熔溶剂体积分别为50μL、100μL、150μL、200μL、250μL、300μL对萃取效率的影响。结果如图3-18（4）所示，随着磁性低共熔溶剂体积的增加，萃取效率先上升后下降。当磁性低共熔溶剂体积为150μL时，回收率较高。因此，本实验选择150μL作为磁性低共熔溶剂体积。

考察了羰基铁粉用量分别为5mg、10mg、20mg、40mg、60mg、80mg、100mg对萃取效率的影响。不足量的羰基铁粉会导致磁性低共熔溶剂不能完全收集，过量的羰基铁粉会导致磁性低共熔溶剂在过滤时损失。结果如图3-18（5）所示，随着羰基铁粉用量的增加，萃取效率先上升后下降。当羰基铁粉用量为40mg时，回收率最高。因此，本实验选择40mg作为羰基铁粉用量。

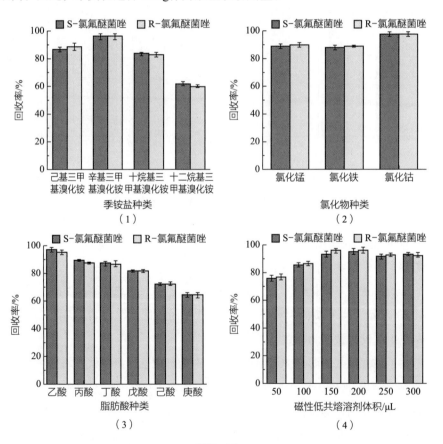

图3-18

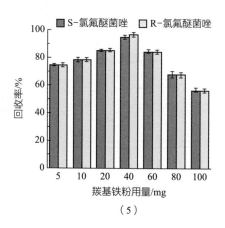

（5）

图3-18　前处理条件的单因素优化

3. 前处理条件的响应面优化

通过Box-Behnken响应面方法优化正辛基三甲基溴化铵的物质的量（A，0.5~1.5mol）、氯化钴的物质的量（B，0.01~0.09mol）和乙酸的物质的量（C，1~7mol）三个变量，并研究变量之间的相互作用。因变量为三唑类杀菌剂的回收率（Y）。结果如表3-6所示，模型的P小于0.01，说明回归方程极显著。失拟的P大于0.05，说明该模型准确地代表了结果。调整决定系数大于0.99，验证了拟合模型的准确性和可靠性。

表3-6　响应面二次模型的方差分析

方差来源	平方和	自由度	均方	F	P	显著性
模型	1408.60	9	156.51	260.85	<0.0001	显著
A	60.05	1	60.50	100.83	0.0002	
B	24.50	1	24.50	40.83	0.0014	
C	338.00	1	338.00	563.33	<0.0001	
AB	25.00	1	25.00	41.67	0.0013	
AC	9.00	1	9.00	15.00	0.0117	
BC	25.00	1	25.00	41.67	0.0013	
A^2	467.31	1	467.31	778.85	<0.0001	
B^2	282.69	1	282.69	471.15	<0.0001	

续表

方差来源	平方和	自由度	均方	F	P	显著性
C^2	315.92	1	315.92	526.54	<0.0001	
残差	3.00	5	0.60			
失拟值	1.00	3	0.33	0.33	0.8075	不显著
纯误差	2.00	2	1.00			
总和	1411.60	14				

随着正辛基三甲基溴化铵的物质的量（A）、氯化钴的物质的量（B）和乙酸的物质的量（C）的增加，三唑类杀菌剂的回收率（Y）均呈现先上升后下降的趋势（图3-19）。氯氟醚菌唑的理论最大回收率分别为107.4%。考虑了响应面优化的结果和实际操作的可行性，确定了最佳萃取条件为：正辛基三甲基溴化铵的物质的量为1mol、氯化钴的物质的量为0.06mol、乙酸的物质的量为5mol。

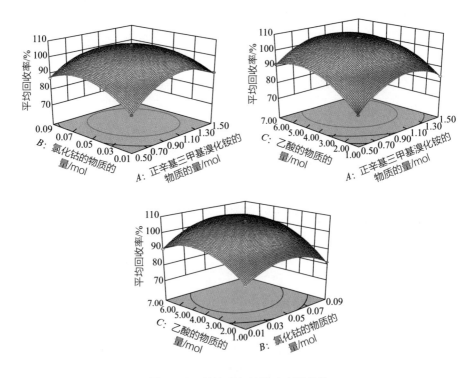

图3-19　前处理条件的响应面优化

4. 方法评价

在优化后的提取和检测条件下，对所建立方法的校正曲线、决定系数、检出限、定量限、日内精密度和日间精密度进行了评价。以样品质量浓度为横坐标，平均峰面积为纵坐标，计算校正曲线如表3-7所示，在0.01~2mg/kg质量浓度范围内决定系数R^2大于0.999。以3倍信噪比计算检出限（LOD）为0.003mg/kg，以10倍信噪比计算定量限（LOQ）为0.01mg/kg。进行3次重复实验，日内相对标准偏差为1.5%~1.8%，日间相对标准偏差为2.9%~3.1%，表明该方法具有良好的线性范围、灵敏度和重复性。

表3-7　三唑类杀菌剂在谷物中的校正曲线、检出限、定量限和相对标准偏差

农药	校正曲线	R^2	LOD/ （mg/kg）	LOQ/ （mg/kg）	日内 RSD/%	日间 RSD/%
S-氯氟醚菌唑	$y = 1791.8x - 13.57$	0.999	0.003	0.01	1.5	2.9
R-氯氟醚菌唑	$y = 1807.6x - 11.13$	0.999	0.003	0.01	1.8	3.1

5. 实际样品分析

为评价方法的准确度和精密度，将优化后的提取和检测方法应用于谷物（玉米、大米、小麦、小米和高粱）中三唑类杀菌剂（氯氟醚菌唑）的残留分析。农药在样品中的含量均低于方法检出限，平均添加回收率在82.9%~95.0%，相对标准偏差（RSD）在1.0%~2.5%（表3-8），表明该方法具有良好的准确度和精密度，可用于谷物中三唑类杀菌剂（氯氟醚菌唑）的残留分析。

表3-8　测定谷物中的氯氟醚菌唑

农药	质量浓度/ （mg/kg）	玉米		大米		小麦		小米		高粱	
		回收率/%	RSD/%	回收率/%	RSD/%	回收率/%	RSD/%	回收率/%	RSD/%	回收率/%	RSD/%
S-氯氟醚菌唑	0	—	—	—	—	—	—	—	—	—	—
	0.01	87.0	2.2	87.7	1.2	83.1	1.9	82.9	1.4	83.5	1.5
	0.1	89.5	1.9	90.4	1.4	86.9	1.2	85.1	1.2	86.4	2.2
	1	94.8	1.7	91.8	2.5	91.1	1.0	88.2	1.6	91.2	1.7

续表

农药	质量浓度 /（mg/kg）	玉米		大米		小麦		小米		高粱	
		回收率 /%	RSD/%	回收率 /%	RSD/%	回收率 /%	RSD/%	回收率 /%	RSD/%	回收率 /%	RSD/%
R- 氯氟醚菌唑	0	—	—	—	—	—	—	—	—	—	—
	0.01	86.8	2.1	87.5	1.8	83.3	2.1	83.5	1.8	83.8	1.2
	0.1	89.8	1.5	89.8	1.4	87.4	1.1	85.1	1.5	86.5	2.5
	1	95.0	1.6	91.5	2.4	90.9	1.0	87.9	1.6	90.9	1.7

6. 方法比较

将本方法与文献方法在萃取剂及用量、萃取时间、离心时间、检测技术、回收率和定量限方面进行了比较（表3-9）。本方法使用的磁性低共熔溶剂是可降解的溶剂，萃取过程更快，不需要使用耗时的离心设备。本方法具有简单、快速、高效的优点。

表3-9　氯氟醚菌唑的方法比较

萃取剂及用量 /mL	萃取时间 /min	离心时间 /min	检测技术	回收率 /%	LOQ/（mg/kg）	方法比较
乙腈 20	17	5	UHPLC-MS/MS	85.4~105.0	0.002	参考文献 [69]
乙腈 10	8.5	10	LC-MS/MS	98.2~108.7	0.0005	参考文献 [70]
乙腈 10	17	10	UHPLC-MS/MS	76.9~91.2	0.005	参考文献 [71]
乙腈 10	12	10	UHPLC-MS/MS	81.5~107.6	0.005	参考文献 [72]
正己烷 8 磁性低共熔溶剂 0.15	<3	—	UHPLC-DAD	82.9~95.0	0.01	本方法

第四节
脂肪酸-新型固体分散剂辅助DLLME-固化技术

本节选取脂肪酸（癸酸、十一酸、十二酸）作为萃取剂，新型固体分散剂（跳跳糖）辅助分散，悬浮固化收集萃取剂，建立了一种脂肪酸-新型固体分散剂辅助DLLME-固化技术。采用手性高效液相色谱-二极管阵列检测器进行定量分析。最终，将该前处理和检测技术应用于水、啤酒、白酒和食醋中三唑硫酮类杀菌剂（丙硫菌唑）及其手性代谢产物（硫酮菌唑）的残留分析。

一、实验方法

1.萃取步骤

将300mg跳跳糖（分散剂）加入10mL离心管中，再将175μL的50℃的液态癸酸（萃取剂）加入到跳跳糖的表面，数秒后癸酸从液态转化为固态。然后加入5mL的90℃的样品，离心管底部的跳跳糖释放大量的二氧化碳气泡，20s之内完成分散液液微萃取过程，此时三唑硫酮类杀菌剂从样品中转移到萃取剂中。将离心管在4000r/min的转速下离心1min，在室温条件下，待上层萃取剂从液态转化为固态后，收集萃取剂到色谱进样瓶中。脂肪酸-新型固体分散剂辅助DLLME-固化技术的步骤如图3-20所示。

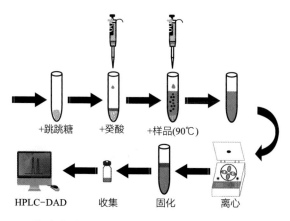

图3-20　脂肪酸-新型固体分散剂辅助DLLME-固化技术的步骤

2.检测步骤

三唑硫酮类杀菌剂（丙硫菌唑）及其手性代谢产物（硫酮菌唑）的分析采用安捷伦1260高效液相色谱-二极管阵列器。进样量为5μL，流动相为乙腈和水（85∶15），流速为0.4mL/min，色谱柱为大赛璐CHIRALCEL® OD-H手性色谱柱（250mm×4.6mm，5μm），柱温为20℃，检测波长分别为250nm、250nm、220nm和220nm。色谱图如图3-21所示，S-丙硫菌唑（1）、R-丙硫菌唑（2）、S-硫酮菌唑（3）和R-硫酮菌唑（4）的保留时间分别为10.2min、11.1min、11.8min和12.6min。

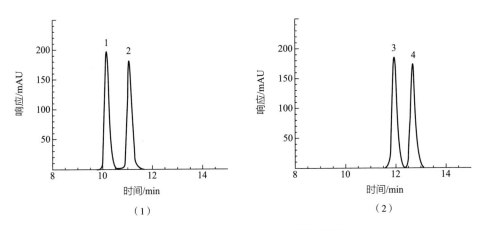

图3-21　丙硫菌唑和硫酮菌唑的色谱图

1—S-丙硫菌唑　2—R-丙硫菌唑　3—S-硫酮菌唑　4—R-硫酮菌唑

二、结果与讨论

1.前处理条件的优化

考察了萃取剂种类分别为癸酸、十一酸、十二酸对萃取效率的影响。结果如图3-22（1）所示，当萃取剂为癸酸时，回收率最高。因此，本实验选择癸酸作为萃取剂。

考察了萃取剂体积分别为50μL、75μL、100μL、125μL、150μL、175μL、200μL、225μL、250μL对萃取效率的影响。结果如图3-22（2）所示，随着萃取剂体积的增加，萃取效率先上升后稳定。当萃取剂体积为175μL时，回收率最高。因此，本实验选择175μL作为萃取剂体积。

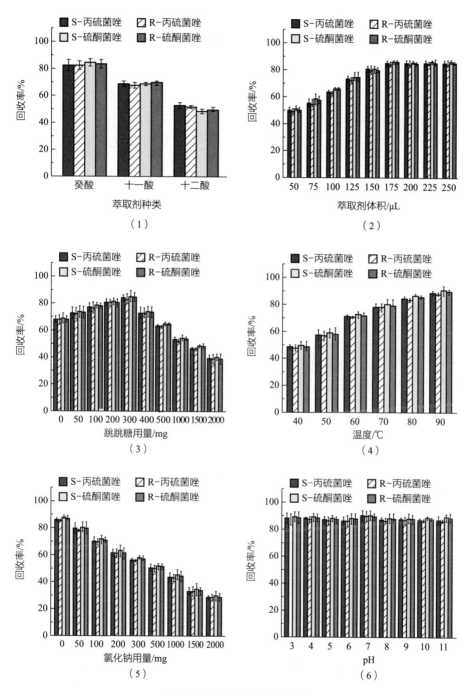

图3-22 前处理条件的优化

考察了跳跳糖用量分别为0mg、50mg、100mg、200mg、300mg、400mg、500mg、1000mg、1500mg、2000mg对萃取效率的影响。跳跳糖发挥固体分散剂、释放二氧化碳、糖析的三重作用。结果如图3-22（3）所示，随着跳跳糖用量的增加，萃取效率先上升后下降。当跳跳糖用量为300mg时，回收率最高。因此，本实验选择300mg作为跳跳糖用量。

考察了温度分别为40℃、50℃、60℃、70℃、80℃、90℃对萃取效率的影响。较高的温度可以加速二氧化碳的释放。结果如图3-22（4）所示，随着温度的升高，萃取效率逐渐上升。当温度为90℃时，回收率最高。因此，本实验选择温度为90℃。

考察了氯化钠用量分别为0mg、50mg、100mg、200mg、300mg、500mg、1000mg、1500mg、2000mg对萃取效率的影响。结果如图3-22（5）所示，随着氯化钠用量的增加，萃取效率逐渐下降。因此，本实验不需要添加氯化钠。

考察了pH分别为3、4、5、6、7、8、9、10、11对萃取效率的影响。结果如图3-22（6）所示，pH对萃取效率没有显著影响。因此，本实验不需要调节pH。

2.方法评价

在优化后的提取和检测条件下，对所建立方法的校正曲线、决定系数、检出限、定量限、日内精密度和日间精密度进行了评价。以样品质量浓度为横坐标，平均峰面积为纵坐标，计算校正曲线如表3-10所示，在0.0271~1mg/kg质量浓度范围内决定系数R^2大于0.995。以3倍信噪比计算检出限（LOD）为0.0081~0.0112mg/kg，以10倍信噪比计算定量限（LOQ）为0.0271~0.0373mg/kg。进行3次重复实验，日内相对标准偏差为3.7%~5.5%，日间相对标准偏差为2.6%~5.7%，表明该方法具有良好的线性范围、灵敏度和重复性。

表3-10   三唑硫酮类杀菌剂及其手性代谢产物在水、啤酒、白酒和食醋中的
校正曲线、检出限、定量限和相对标准偏差

农药	校正曲线	R^2	LOD/ (mg/kg)	LOQ/ (mg/kg)	日内 RSD/ %	日间 RSD/ %
S- 丙硫菌唑	$y = 9.6452x - 0.8969$	0.995	0.0104	0.0348	3.7	4.3
R- 丙硫菌唑	$y = 9.7870x + 1.2160$	0.999	0.0112	0.0373	4.2	2.6

续表

农药	校正曲线	R^2	LOD/ （mg/kg）	LOQ/ （mg/kg）	日内 RSD/ %	日间 RSD/ %
S- 硫酮菌唑	$y = 5.8586x + 2.7361$	0.996	0.0085	0.0282	5.5	3.5
R- 硫酮菌唑	$y = 5.7829x + 1.7242$	0.996	0.0081	0.0271	3.8	5.7

3. 实际样品分析

为评价方法的准确度和精密度，将优化后的提取和检测方法应用于水、啤酒、白酒和食醋中三唑硫酮类杀菌剂（丙硫菌唑）及其手性代谢产物（硫酮菌唑）的残留分析。农药在样品中的含量均低于方法检出限，平均添加回收率在80.8%~102.5%，相对标准偏差（RSD）在1.1%~7.1%（表3-11），表明该方法具有良好的准确度和精密度，可用于水、啤酒、白酒和食醋中三唑硫酮类杀菌剂（丙硫菌唑）及其手性代谢产物（硫酮菌唑）的残留分析。

表3-11　测定水、啤酒、白酒和食醋中的丙硫菌唑和硫酮菌唑

农药	质量 浓度/ （μg/L）	水		啤酒		白酒		食醋	
		回收率/ %	RSD/ %	回收率/ %	RSD/ %	回收率/ %	RSD/ %	回收率/ %	RSD/ %
S- 丙硫菌唑	0	—	—	—	—	—	—	—	—
	100	82.5	4.1	88.7	5.4	80.8	7.1	83.5	5.3
	1000	99.8	1.6	99.8	2.9	94.6	1.9	94.6	4.6
R- 丙硫菌唑	0	—	—	—	—	—	—	—	—
	100	81.7	5.2	88.2	3.7	81.5	5.1	83.4	5.5
	1000	98.5	2.1	98.7	2.4	93.8	1.6	94.3	4.0
S- 硫酮菌唑	0	—	—	—	—	—	—	—	—
	100	85.7	5.8	95.8	2.7	82.1	4.3	84.6	3.4
	1000	102.5	2.8	101.6	1.1	98.3	1.2	100.5	3.9

续表

农药	质量浓度/（μg/L）	水		啤酒		白酒		食醋	
		回收率/%	RSD/%	回收率/%	RSD/%	回收率/%	RSD/%	回收率/%	RSD/%
R-硫酮菌唑	0	—	—	—	—	—	—	—	—
	100	85.3	6.1	94.7	4.3	81.5	4.2	84.1	2.6
	1000	101.4	1.7	100.4	1.8	97.8	1.8	99.8	3.7

4. 方法比较

将本方法与文献方法在前处理技术、萃取剂及用量、萃取时间、设备、检测技术、回收率和定量限方面进行了比较（表3-12）。本方法只使用了小体积的绿色萃取剂癸酸，萃取过程更快，不需要使用超声或涡旋等辅助设备。本方法具有简单、快速、环境友好的优点。

表3-12   三唑硫酮类杀菌剂及其手性代谢产物的方法比较

前处理技术	萃取剂及用量/μL	萃取时间/min	设备	检测技术	回收率/%	LOQ/（μg/L）	方法比较
LLE	乙腈 19000	12	涡旋	HPLC-MS/MS	83.6~92.3	4.0	参考文献[74]
PFC	乙腈 5000	3	涡旋	GC-MS/MS	59.0~62.0	1.5	参考文献[75]
QuEChERS	乙腈 250 氯仿 43	25	超声 涡旋	GC-FID	82.3~87.7	6.1	参考文献[75]
DLLME	离子液体 500	0.5	涡旋	HPLC-PAD	70.1~115.0	2.7	参考文献[76]
DLLME	癸酸 175	0.3	—	HPLC-DAD	80.8~102.5	27.1~37.3	本方法

注：LLE 为液液萃取；PFC 为多次过滤净化。

第四章

涡旋、空气、蒸发
辅助分散液液微萃取
技术的应用

第一节
脂肪醇-涡旋辅助DLLME-固化技术

本节选取脂肪醇（十二醇）作为萃取剂，涡旋辅助分散，悬浮固化收集萃取剂，建立了一种脂肪醇-涡旋辅助DLLME-固化技术。采用高效液相色谱-二极管阵列检测器进行定量分析。最终，将该前处理和检测技术应用于食用菌（双孢菇、香菇、金针菇和木耳）中拟除虫菊酯类杀虫剂（氟氰戊菊酯、氯氰菊酯和氰戊菊酯）的残留分析。

一、实验方法

1.萃取步骤

将1g食用菌和20mL超纯水混合匀浆，取5mL匀浆液、50mg氯化钠和300μL十二醇（萃取剂）加入10mL离心管中，涡旋10min，完成涡旋辅助分散液液微萃取过程，此时拟除虫菊酯类杀虫剂从匀浆液中转移到萃取剂中。将离心管在4000r/min的转速下离心2min，然后置于冰浴中。待上层萃取剂从液态转化为固态后，收集萃取剂到色谱进样瓶中。

2.检测步骤

拟除虫菊酯类杀虫剂（氟氰戊菊酯、氯氰菊酯和氰戊菊酯）的分析采用安捷伦1260高效液相色谱-二极管阵列器。进样量为20μL，流动相为乙腈和水（95：5），流速为0.5mL/min，色谱柱为安捷伦ZORBAX Eclipse Plus C_{18}色谱柱（250mm×4.6mm，5μm），柱温为20℃，检测波长为230nm。

二、结果与讨论

1.前处理条件的优化

考察了萃取剂种类分别为十一醇、十二醇对萃取效率的影响。结果如图4-1（1）所示，当萃取剂为十二醇时，回收率较高。因此，本实验选择十二醇作为萃取剂。

考察了萃取剂体积分别为100μL、150μL、200μL、250μL、300μL、350μL、

400μL对萃取效率的影响。结果如图4-1（2）所示，随着萃取剂体积的增加，萃取效率先上升后下降。当萃取剂体积为300μL时，回收率最高。因此，本实验选择300μL作为萃取剂体积。

考察了涡旋时间分别为0min、1min、3min、5min、7min、10min、15min、20min对萃取效率的影响。结果如图4-1（3）所示，随着涡旋时间的增加，萃取效率先上升后稳定。当涡旋时间为10min时，回收率最高。因此，本实验选择10min作为涡旋时间。

考察了氯化钠用量分别为0mg、10mg、50mg、100mg、150mg、200mg对萃取效率的影响。结果如图4-1（4）所示，随着氯化钠用量的增加，萃取效率先上升后下降。当氯化钠用量为50mg时，回收率最高。因此，本实验选择50mg作为氯化钠用量。

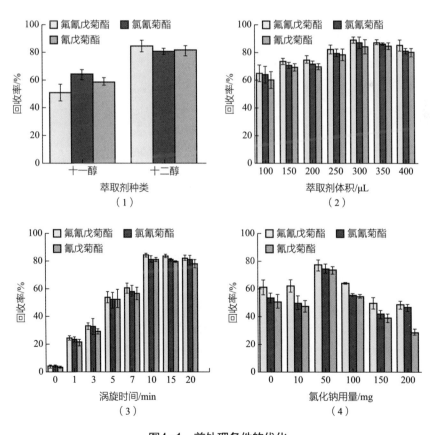

图4-1 前处理条件的优化

2. 方法评价

在优化后的提取和检测条件下，对所建立方法的校正曲线、决定系数、检出限和定量限进行了评价。以样品质量浓度为横坐标，平均峰面积为纵坐标，计算校正曲线如表4-1所示，在1~100mg/kg质量浓度范围内决定系数R^2大于0.999。以3倍信噪比计算检出限（LOD）为0.10~0.19mg/kg，以10倍信噪比计算定量限（LOQ）为0.32~0.62mg/kg，表明该方法具有良好的线性范围和灵敏度。

表4-1　拟除虫菊酯类杀虫剂在食用菌中的校正曲线、检出限和定量限

农药	样品	校正曲线	R^2	LOD/（mg/kg）	LOQ/（mg/kg）
氟氰戊菊酯	双孢菇	$y = 149.15x + 8.420$	0.999	0.17	0.58
	香菇	$y = 132.88x + 3.444$	0.999	0.17	0.56
	金针菇	$y = 186.55x + 3.433$	0.999	0.16	0.54
	木耳	$y = 149.16x + 3.682$	0.999	0.18	0.61
氯氰菊酯	双孢菇	$y = 142.42x - 7.285$	0.999	0.17	0.58
	香菇	$y = 134.65x - 15.602$	0.999	0.15	0.50
	金针菇	$y = 187.74x - 9.396$	0.999	0.15	0.50
	木耳	$y = 145.91x - 7.111$	0.999	0.19	0.62
氰戊菊酯	双孢菇	$y = 214.15x + 7.310$	0.999	0.10	0.34
	香菇	$y = 195.26x - 11.553$	0.999	0.10	0.35
	金针菇	$y = 295.26x - 3.458$	0.999	0.10	0.32
	木耳	$y = 219.74x - 2.901$	0.999	0.12	0.39

3. 实际样品分析

为评价方法的准确度和精密度，将优化后的提取和检测方法应用于食用菌（双孢菇、香菇、金针菇和木耳）中拟除虫菊酯类杀虫剂（氟氰戊菊酯、氯氰菊酯和氰

戊菊酯）的残留分析。农药在样品中的含量均低于方法检出限，平均添加回收率在70.2%~89.2%，相对标准偏差（RSD）在3.1%~8.1%（表4-2），表明该方法具有良好的准确度和精密度，可用于食用菌中拟除虫菊酯类杀虫剂的残留分析。

表4-2　测定食用菌中的拟除虫菊酯类杀虫剂

农药	质量浓度 / （mg/kg）	双孢菇		香菇		金针菇		木耳	
		回收率 / %	RSD/ %	回收率 / %	RSD/ %	回收率 / %	RSD/ %	回收率 / %	RSD/ %
氟氰戊菊酯	0	—	—	—	—	—	—	—	—
	1	80.2	4.9	77.0	5.1	70.2	5.6	72.2	8.1
	10	79.0	4.9	74.6	7.2	85.7	5.3	79.5	6.0
	100	82.4	5.5	73.0	5.2	88.9	4.3	83.6	5.3
氯氰菊酯	0	—	—	—	—	—	—	—	—
	1	87.7	5.5	86.5	5.4	77.6	4.1	71.8	7.5
	10	81.4	4.1	80.8	5.4	88.3	5.3	78.9	5.3
	100	82.2	3.1	75.0	5.2	89.2	3.7	82.9	4.8
氰戊菊酯	0	—	—	—	—	—	—	—	—
	1	76.9	3.7	77.7	3.9	74.5	4.8	73.6	4.5
	10	75.1	4.3	75.4	4.5	88.8	4.2	72.9	5.1
	100	77.1	3.9	70.3	4.3	88.4	4.5	77.9	5.3

4. 方法比较

将本方法与文献方法在前处理技术、萃取剂及用量、分散剂及用量、萃取时间、检测技术、回收率和检出限方面进行了比较（表4-3）。本方法只使用了小体积的绿色萃取剂十二醇，不需要使用甲醇、丙酮或乙醇等分散剂。本方法具有简单、快速、环境友好的优点。

表4-3　拟除虫菊酯类杀虫剂的方法比较

前处理技术	萃取剂及用量/μL	分散剂及用量/mL	萃取时间/min	检测技术	回收率/%	LOD/（μg/kg）	方法比较
DLLME	四氯乙烯 30	甲醇 1	2.5	GC-FID	92.1~107.1	3.1	参考文献[77]
DLLME	离子液体 750	甲醇 0.75	15	HPLC-UV	95.9~106.2	0.12~0.27	参考文献[78]
DLLME	氯仿 300	甲醇 1.25	0.5	HPLC-UV	84.0~94.0	2~5	参考文献[79]
QuEChERS DLLME	四氯化碳 60	丙酮 1	11	GC-ECD	62.0~108.0	0.2~2	参考文献[80]
DLLME	低共熔溶剂 650	—	0.5	HPLC-DAD	85.0~109.0	0.06~0.17	参考文献[81]
DLLME	十二醇 200	—	10	HPLC-DAD	70.2~89.2	100~190	本方法

第二节
磁性低共熔溶剂-涡旋辅助DLLME技术

　　本节选取磁性低共熔溶剂（甲基三乙基氯化铵-氯化铁-庚酸、甲基三丁基氯化铵-氯化铁-庚酸、甲基三辛基氯化铵-氯化铁-庚酸、甲基三辛基氯化铵-氯化铁-辛酸、甲基三辛基氯化铵-氯化铁-壬酸、甲基三辛基氯化铵-氯化铁-癸酸）作为萃取剂，涡旋辅助分散，磁铁收集萃取剂，建立了一种磁性低共熔溶剂-涡旋辅助DLLME技术。采用高效液相色谱-二极管阵列检测器进行定量分析。最终，将该前处理和检测技术应用于水、果汁和食醋中甲氧基丙烯酸酯类杀菌剂（嘧菌酯、吡唑醚菌酯和肟菌酯）的残留分析。

一、实验方法

1.磁性低共熔溶剂的制备

将甲基三辛基氯化铵、氯化铁和庚酸按照0.5：0.08：6的摩尔比加入10mL玻璃离心管中，在80℃的温度下恒温搅拌直至形成均一澄清的液体，制得低共熔溶剂。

2.萃取步骤

将5mL样品和200μL磁性低共熔溶剂（萃取剂）加入10mL离心管中，涡旋3min，完成涡旋辅助分散液液微萃取过程，此时甲氧基丙烯酸酯类杀菌剂从样品中转移到萃取剂中。将90mg羰基铁粉加入样品溶液中，增强磁性低共熔溶剂的磁性，然后在磁铁的帮助下收集萃取剂，通过0.22μm的滤膜到色谱进样瓶中。磁性低共熔溶剂-涡旋辅助DLLME技术的步骤如图4-2所示。

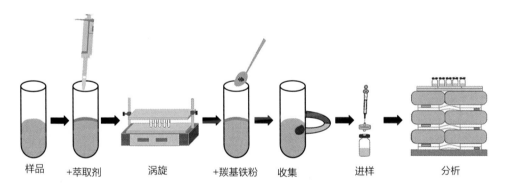

样品　　+萃取剂　　涡旋　　+羰基铁粉　　收集　　进样　　分析

图4-2　磁性低共熔溶剂-涡旋辅助DLLME技术的步骤

3.检测步骤

甲氧基丙烯酸酯类杀菌剂（嘧菌酯、吡唑醚菌酯和肟菌酯）的分析采用安捷伦1260高效液相色谱-二极管阵列器。进样量为20μL，流动相为甲醇和水（78：2），流速为0.5mL/min，色谱柱为迪马Diamonsil C_{18}色谱柱（250mm×4.6mm，5μm），柱温为20℃，检测波长分别为255nm、275nm、和251nm。色谱图如图4-3所示，嘧菌酯（1）、吡唑醚菌酯（2）和肟菌酯（3）的保留时间分别为7.7min、15.6min和18.8min。

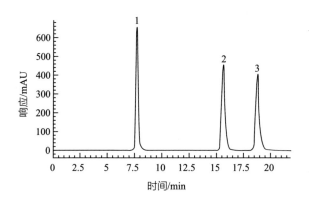

图4-3　嘧菌酯（1）、吡唑醚菌酯（2）和肟菌酯（3）的色谱图

二、结果与讨论

1. 前处理条件的优化

考察了磁性低共熔溶剂中季铵盐种类分别为甲基三乙基氯化铵、甲基三丁基氯化铵、甲基三辛基氯化铵对萃取效率的影响。结果如图4-4（1）所示，当季铵盐为甲基三辛基氯化铵时，回收率最高。因此，本实验选择甲基三辛基氯化铵作为季铵盐。

考察了磁性低共熔溶剂中脂肪酸种类分别为庚酸、辛酸、壬酸、癸酸对萃取效率的影响。结果如图4-4（2）所示，当脂肪酸为庚酸时，回收率最高。因此，本实验选择庚酸作为脂肪酸。

考察了磁性低共熔溶剂体积分别为100μL、125μL、150μL、175μL、200μL、225μL、250μL对萃取效率的影响。结果如图4-4（3）所示，随着磁性低共熔溶剂体积的增加，萃取效率先上升后下降。当磁性低共熔溶剂体积为200μL时，回收率最高。因此，本实验选择200μL作为磁性低共熔溶剂体积。

考察了涡旋时间分别为15s、30s、45s、60s、75s、90s、105s、120s、180s对萃取效率的影响。结果如图4-4（4）所示，随着涡旋时间的增加，萃取效率逐渐上升。当涡旋时间为180s时，回收率最高。因此，本实验选择180s作为涡旋时间。

考察了羰基铁粉用量分别为10mg、20mg、40mg、60mg、80mg、90mg、100mg、120mg、140mg对萃取效率的影响。不足量的羰基铁粉会导致磁性低共熔溶剂不能完全收集，过量的羰基铁粉会导致磁性低共熔溶剂在过滤时损失。结果如图4-4（5）所示，随着羰基铁粉用量的增加，萃取效率先上升后下降。当羰基铁粉用量为

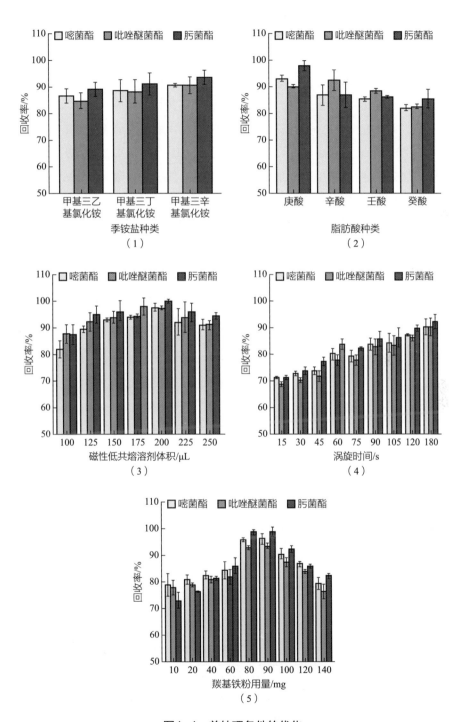

图4-4 前处理条件的优化

90mg时，回收率最高。因此，本实验选择90mg作为羰基铁粉用量。

2. 前处理条件的响应面优化

通过Box-Behnken响应面方法优化甲基三辛基氯化铵的物质的量（A，0.1~0.9mol）、氯化铁的物质的量（B，0.01~0.15mol）和庚酸的物质的量（C，1~11mol）三个变量，并研究变量之间的相互作用。因变量为甲氧基丙烯酸酯类杀菌剂的平均回收率（Y）。结果如表4-4所示，模型的P小于0.01，说明回归方程极显著。失拟的P大于0.05，说明该模型准确地代表了结果。调整决定系数大于0.96，验证了拟合模型的准确性和可靠性。

表4-4　响应面二次模型的方差分析

方差来源	平方和	自由度	均方	F	P	显著性
模型	796.49	9	88.50	19.32	0.0004	显著
A	49.20	1	49.20	10.74	0.0135	
B	16.62	1	16.62	3.63	0.0985	
C	35.91	1	35.91	7.84	0.0265	
AB	29.98	1	29.98	6.54	0.0377	
AC	42.45	1	42.45	9.27	0.0187	
BC	7.73	1	7.73	1.69	0.2351	
A^2	411.84	1	411.84	89.90	<0.0001	
B^2	45.37	1	45.37	9.90	0.0162	
C^2	107.49	1	107.49	23.46	0.0019	
残差	32.07	7	4.58			
失拟值	6.25	3	2.08	0.32	0.8100	不显著
纯误差	25.82	4	6.45			
总和	828.56	16				

随着甲基三辛基氯化铵的物质的量（A）、氯化铁的物质的量（B）和庚酸的物质的量（C）的增加，甲氧基丙烯酸酯类杀菌剂的平均回收率（Y）均呈现先上升

后下降的趋势（图4-5）。氯氟醚菌唑的理论最大回收率分别为83.1%。考虑了响应面优化的结果和实际操作的可行性，确定了最佳萃取条件为：甲基三辛基氯化铵的物质的量为0.5mol、氯化铁的物质的量为0.08mol、庚酸的物质的量为6mol。

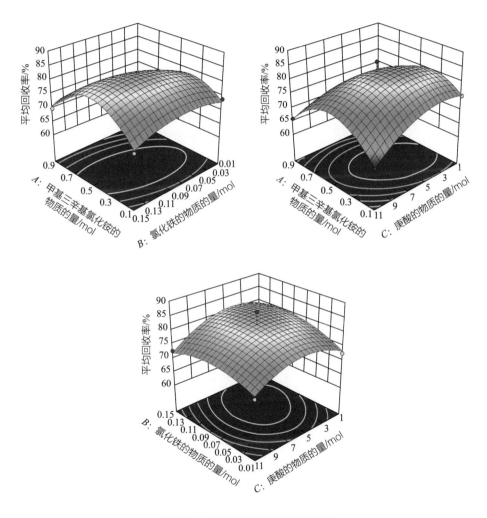

图4-5　前处理条件的响应面优化

3.方法评价

在优化后的提取和检测条件下，对所建立方法的校正曲线、决定系数、检出限、定量限、日内精密度和日间精密度进行了评价。以样品质量浓度为横坐标，平均峰面积为纵坐标，计算校正曲线如表4-5所示，在0.1~10mg/L质量浓度范围内决定系数R^2大于0.997。以3倍信噪比计算检出限（LOD）为0.001~0.002mg/L，以10倍信噪比计算定量限（LOQ）为0.003~0.008mg/L。进行3次重复实验，日内相对标准偏差为1.7%~5.5%，日间相对标准偏差为4.4%~7.9%，表明该方法具有良好的线性范围、灵敏度和重复性。

表4-5　甲氧基丙烯酸酯类杀菌剂在水、果汁、食醋中的校正曲线、
检出限、定量限和相对标准偏差

农药	样品	校正曲线	R^2	LOD/ （mg/L）	LOQ/ （mg/L）	日内 RSD/ %	日间 RSD/ %
嘧菌酯	水	$y = 575.34x + 86.239$	0.999	0.002	0.008	3.2	4.4
	果汁	$y = 671.97x + 29.041$	0.999	0.001	0.004	3.3	4.7
	食醋	$y = 536.92x + 63.725$	0.997	0.001	0.004	5.5	5.8
吡唑 醚菌酯	水	$y = 1391.2x + 18.304$	0.999	0.001	0.004	1.7	4.4
	果汁	$y = 1553.9x + 110.30$	0.999	0.001	0.003	2.8	6.2
	食醋	$y = 1481.7x + 101.57$	0.999	0.001	0.003	3.4	7.9
肟菌脂	水	$y = 1023.5x + 93.995$	0.999	0.001	0.005	3.2	5.0
	果汁	$y = 1055.5x + 63.757$	0.999	0.001	0.005	3.1	5.3
	食醋	$y = 1036.9x + 104.18$	0.999	0.001	0.005	2.6	6.0

4. 实际样品分析

为评价方法的准确度和精密度，将优化后的提取和检测方法应用于水、果汁和食醋中甲氧基丙烯酸酯类杀菌剂（嘧菌酯、吡唑醚菌酯和肟菌酯）的残留分析。农药在样品中的含量均低于方法检出限，平均添加回收率在81.9%~108.9%，相对标准偏差（RSD）在1.2%~4.5%（表4-6），表明该方法具有良好的准确度和精密度，可用于水、果汁和食醋中甲氧基丙烯酸酯类杀菌剂的残留分析。

表4-6　测定水、果汁和食醋中的甲氧基丙烯酸酯类杀菌剂

农药	质量浓度 / （mg/L）	水		果汁		食醋	
		回收率 / %	RSD/ %	回收率 / %	RSD/ %	回收率 / %	RSD/ %
嘧菌酯	0	—	—	—	—	—	—
	0.1	86.7	1.2	87.1	4.2	88.8	1.3
	1	97.2	1.2	95.7	3.5	88.6	2.9
	10	95.8	2.5	108.9	1.3	98.8	4.1
吡唑醚菌酯	0	—	—	—	—	—	—
	0.1	99.7	1.6	96.0	2.7	96.2	4.3
	1	94.9	3.1	97.7	1.8	86.6	1.2
	10	99.6	2.3	90.5	2.3	106.9	2.3
肟菌酯	0	—	—	—	—	—	—
	0.1	94.3	2.7	102.1	1.8	97.9	2.5
	1	97.7	1.7	97.0	2.3	88.1	1.9
	10	93.4	2.9	81.9	2.0	92.3	4.5

5. 方法比较

将本方法与文献方法在前处理技术、萃取剂、分散剂及用量、离心时间、设备、检测技术、回收率和检出限方面进行了比较（表4-7）。本方法使用了绿色萃取剂磁性低共熔溶剂，不需要使用乙腈或丙酮等分散剂，不涉及耗时的离心、冰浴或氮吹等步骤。本方法具有快速、绿色的优点。

表4-7　拟除虫菊酯类杀虫剂的方法比较

前处理技术	萃取剂	分散剂及用量 /μL	离心时间 /min	设备	检测技术	回收率 /%	LOD/ （μg/L）	方法比较
DLLME	四氯化碳	乙腈 2000	20	氮吹	HPLC-FLD	80.0~ 101.0	19~ 65	参考文献 [82]
DLLME	王酸	乙腈 600	5	冰浴	HPLC-DAD	82.0~ 93.2	2.6~ 4.9	参考文献 [43]

续表

前处理技术	萃取剂	分散剂及用量 /μL	离心时间 /min	设备	检测技术	回收率 /%	LOD/（μg/L）	方法比较
DLLME	低共熔溶剂	丙酮 1000 氨水 50	3	冰浴	HPLC-UV	76.0~92.0	1.5~2.0	参考文献[83]
DLLME	低共熔溶剂	碳酸氢钠 10 柠檬酸 80	5	冰浴	HPLC-DAD	77.4~106.9	0.2~0.4	参考文献[84]
DLLME	磁性低共熔溶剂	—	—	—	HPLC-DAD	81.9~108.9	1~2	本方法

第三节
离子液体-空气辅助DLLME-固化技术

　　本节选取离子液体（1-丁基-3-甲基咪唑六氟磷酸、1-己基-3-甲基咪唑六氟磷酸和1-辛基-3-甲基咪唑六氟磷酸）作为萃取剂，空气辅助分散，水相固化收集萃取剂，建立了一种离子液体-空气辅助DLLME-固化技术。采用高效液相色谱-二极管阵列检测器进行定量分析。最终，将该前处理和检测技术应用于地表水、湖水、河水中三唑类杀菌剂（腈菌唑、戊唑醇和氟环唑）的残留分析。

一、实验方法

1. 萃取步骤

　　将5mL样品、50mg氯化钠和125μL的1-辛基-3-甲基咪唑六氟磷酸（萃取剂）加入

10mL离心管中，用10mL注射器抽打5次，产生大量的空气气泡，完成空气辅助分散液液微萃取过程，此时三唑类杀菌剂从样品中转移到萃取剂中。将离心管在4000r/min的转速下离心3min，然后置于-20℃冰箱中。待上层水相从液态转化为固态后，收集萃取剂到色谱进样瓶中。离子液体-空气辅助DLLME-固化技术的步骤如图4-6所示。

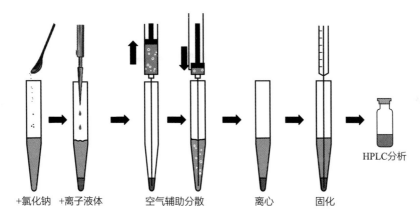

+氯化钠　　+离子液体　　　空气辅助分散　　　离心　　　固化　　　HPLC分析

图4-6　离子液体-空气辅助DLLME-固化技术的步骤

2. 检测步骤

三唑类杀菌剂（腈菌唑、戊唑醇和氟环唑）的分析采用安捷伦1260高效液相色谱-二极管阵列检测器。进样量为20μL，流动相为甲醇和水（80∶20），流速为0.5mL/min，色谱柱为安捷伦ZORBAX Eclipse Plus C$_{18}$色谱柱（250mm×4.6mm，5μm），柱温为20℃，检测波长为220nm。色谱图如图4-7所示，腈菌唑（1）、氟环唑（2）和戊唑醇（3）的保留时间分别为9.3min、10.8min和13.4min。

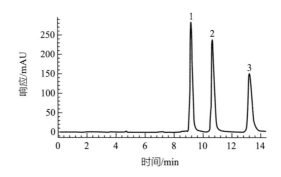

图4-7　腈菌唑（1）、氟环唑（2）和戊唑醇（3）的色谱图

二、结果与讨论

1.前处理条件的优化

考察了萃取剂种类分别为1-丁基-3-甲基咪唑六氟磷酸盐（〔BMIM〕PF$_6$）、1-己基-3-甲基咪唑六氟磷酸盐（〔HMIM〕PF$_6$）、1-辛基-3-甲基咪唑六氟磷酸盐（〔OMIM〕PF6）对萃取效率的影响。结果如图4-8（1）所示，当萃取剂为1-辛基-3甲基咪唑六氟磷酸盐时，回收率最高。因此，本实验选择1-辛基-3甲基咪唑六氟磷酸盐作为萃取剂。

考察了萃取剂体积分别为50μL、75μL、100μL、125μL、150μL对萃取效率的影响。结果如图4-8（2）所示，随着萃取剂体积的增加，萃取效率先上升后下降。当萃取剂体积为125μL时，回收率最高。因此，本实验选择125μL作为萃取剂体积。

考察了空气辅助次数分别为1次、2次、3次、5次、7次对萃取效率的影响。将萃取剂和样品吸入注射器，再打回10mL离心管，视为一次空气辅助。结果如图4-8（3）所示，随着混合次数的增加，萃取效率先上升后稳定。当空气辅助次数为5次时，可以在30s之内完成，回收率较高。因此，本实验选择5次作为空气辅助次数。

考察了氯化钠用量分别为0mg、10mg、20mg、50mg、100mg对萃取效率的影响。结果如图4-8（4）所示，随着氯化钠用量的增加，萃取效率先上升后下降。当氯化钠用量为50mg时，回收率最高。因此，本实验选择50mg作为氯化钠用量。

考察了pH分别为3、5、7、9、11对萃取效率的影响。结果如图4-8（5）所示，当pH为3~11时，回收率始终在75%以上。因此，本实验不需要调节pH。

2.方法评价

在优化后的提取和检测条件下，对所建立方法的校正曲线、决定系数、检出限和定量限进行了评价。以样品质量浓度为横坐标，平均峰面积为纵坐标，计算校正曲线如表4-8所示，在0.01~1mg/L质量浓度范围内决定系数R^2大于0.995。以3倍信噪比计算检出限（LOD）为0.00019~0.00055mg/L，以10倍信噪比计算定量限（LOQ）为0.00065~0.00183mg/L，表明该方法具有良好的线性范围和灵敏度。

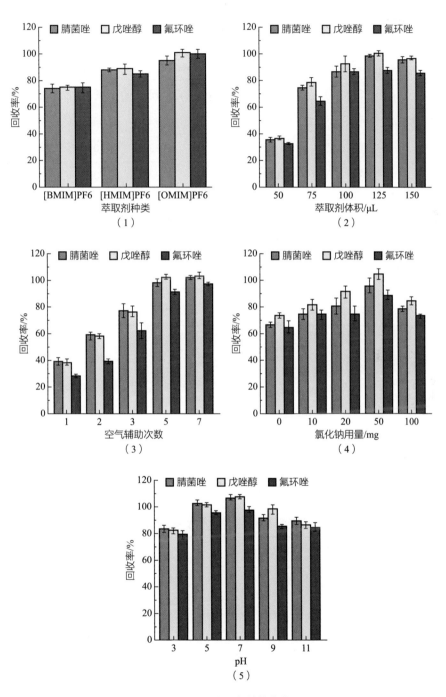

图4-8　前处理条件的优化

表4-8　拟除虫菊酯类杀虫剂在食用菌中的校正曲线、检出限和定量限

农药	样品	校正曲线	R^2	LOD/（mg/L）	LOQ/（mg/L）
腈菌唑	地表水	$y = 4.124x + 85.18$	0.999	0.00026	0.00085
	湖水	$y = 3.503x + 72.92$	0.998	0.00046	0.00153
	河水	$y = 3.001x + 146.41$	0.998	0.00025	0.00085
戊唑醇	地表水	$y = 3.984x + 90.82$	0.998	0.00020	0.00066
	湖水	$y = 3.852x + 68.64$	0.998	0.00038	0.00126
	河水	$y = 3.252x + 188.12$	0.996	0.00019	0.00065
氟环唑	地表水	$y = 2.912x + 71.60$	0.999	0.00036	0.00119
	湖水	$y = 2.653x + 79.41$	0.998	0.00055	0.00183
	河水	$y = 2.135x + 144.01$	0.995	0.00032	0.00108

3.实际样品分析

为评价方法的准确度和精密度，将优化后的提取和检测方法应用于地表水、湖水、河水中三唑类杀菌剂（腈菌唑、戊唑醇和氟环唑）的残留分析。农药在样品中的含量均低于方法检出限，平均添加回收率在72.7%~100.1%，相对标准偏差（RSD）在0.9%~6.0%（表4-9），表明该方法具有良好的准确度和精密度，可用于地表水、湖水、河水中三唑类杀菌剂的残留分析。

表4-9　测定地表水、湖水、河水中的三唑类杀菌剂

农药	质量浓度/（mg/L）	地表水		湖水		河水	
		回收率/%	RSD/%	回收率/%	RSD/%	回收率/%	RSD/%
腈菌唑	0	—	—	—	—	—	—
	0.01	95.3	2.4	90.5	3.3	93.9	2.5
	0.1	93.6	1.1	77.3	1.7	75.5	1.0
	1	82.0	2.4	79.5	2.5	90.6	1.7

续表

农药	质量浓度 / （mg/L）	地表水		湖水		河水	
		回收率 / %	RSD/ %	回收率 / %	RSD/ %	回收率 / %	RSD/ %
戊唑醇	0	—	—	—	—	—	—
	0.01	93.7	4.3	90.1	3.3	95.1	3.4
	0.1	100.1	0.9	79.8	2.6	76.5	2.6
	1	91.7	2.5	88.5	6.0	98.3	1.9
氟环唑	0	—	—	—	—	—	—
	0.01	74.8	2.3	89.9	4.6	82.6	3.0
	0.1	77.0	3.4	72.7	2.4	78.5	2.6
	1	87.3	3.7	86.5	2.6	95.8	4.6

4. 方法比较

将本方法与文献方法在前处理技术、萃取剂及用量、萃取时间、检测技术、回收率和检出限方面进行了比较（表4-10）。本方法只使用了小体积的绿色溶剂离子液体。萃取过程更快，不需要使用文献方法中的水浴、冰浴、压片、搅拌或涡旋等辅助设备。本方法具有简单、快速、溶剂消耗少、环境友好的优点。

表4-10　三唑类杀菌剂的方法比较

前处理技术	萃取剂及用量 /μL	萃取时间 /min	检测技术	回收率 / %	LOD/ （μg/L）	方法比较
CPE	聚乙二醇 400	10	HPLC-UV	82.0~96.0	0.01~0.04	参考文献 [86]
DLLME	甲醇 200 十二醇 12	1	HPLC-DAD	84.8~110.2	0.06~0.10	参考文献 [87]
DLLME	甲苯 70	15	GC-MS	82.5~112.9	0.15~0.26	参考文献 [88]
SBSE DLLME	甲醇 1000 四氯乙烷 25	30	GC-FID	71.0~116.0	0.53~24.00	参考文献 [89]

续表

前处理技术	萃取剂及用量 /µL	萃取时间 /min	检测技术	回收率 /%	LOD/（µg/L）	方法比较
DLLME	乙腈 250 离子液体 70	2	HPLC-PDA	71.0~104.5	0.40~6.70	参考文献 [61]
DLLME	离子液体 125	<0.5	HPLC-DAD	72.7~100.1	0.19~0.55	本方法

注：CPE 为浊点萃取；SBSE 为搅拌棒吸附萃取。

第四节
脂肪醇-空气辅助DLLME-固化技术

本节选取脂肪醇（癸醇、十一醇和十二醇）作为萃取剂，空气辅助分散，悬浮固化收集萃取剂，建立了一种脂肪醇-空气辅助DLLME-固化技术。采用高效液相色谱-二极管阵列检测器进行定量分析。最终，将该前处理和检测技术应用于自来水、河水、井水、海水中甲氧基丙烯酸酯类杀菌剂（嘧菌酯、吡唑醚菌酯和肟菌酯）的残留分析。

一、实验方法

1. 萃取步骤

将5mL样品、150mg 氯化钠和200µL的十二醇（萃取剂）加入10mL离心管中，用5mL注射器抽打4次，产生大量的空气气泡，完成空气辅助分散液液微萃取过程，此时甲氧基丙烯酸酯类杀菌剂从样品中转移到萃取剂中。将离心管在3500r/min的转速下离心3min，然后置于冰浴中。待上层萃取剂从液态转化为固态后，收集萃取剂到色谱进样瓶中。离子液体-空气辅助DLLME-固化技术的步骤如图4-9所示。

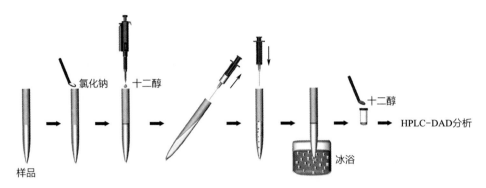

图4-9　离子液体-空气辅助DLLME-固化技术的步骤

2.检测步骤

甲氧基丙烯酸酯类杀菌剂（嘧菌酯、吡唑醚菌酯和肟菌酯）的分析采用安捷伦1260高效液相色谱-二极管阵列检测器。进样量为20μL，流动相为甲醇和水（80：20），流速为0.5mL/min，色谱柱为安捷伦ZORBAX Eclipse Plus C_{18}色谱柱（250mm×4.6mm，5μm），柱温为20℃，检测波长为230nm。色谱图如图4-10所示，嘧菌酯（1）、吡唑醚菌酯（2）和肟菌酯（3）的保留时间分别为7.0min、10.6min和11.7min。

二、结果与讨论

1.前处理条件的优化

考察了萃取剂种类分别为癸醇、十一醇、十二醇对萃取效率的影响。结果如图4-11（1）所示，当萃取剂为十二醇时，回收率最高，且固化最快。因此，本实验选择十二醇作为萃取剂。

考察了萃取剂体积分别为50μL、100μL、150μL、200μL、250μL、300μL对萃取效率的影响。结果如图4-11（2）所示，随着萃取剂体积的增加，萃取效率先上升后稳定。当萃取剂体积为200μL时，回收率均较高。因此，本实验选择200μL作为萃取剂体积。

考察了空气辅助次数分别为0次、1次、2次、3次、4次、5次、10次对萃取效率的影响。将萃取剂和样品吸入注射器，再打回10mL离心管，视为一次空气辅助。结果如图4-11（3）所示，随着混合次数的增加，萃取效率先上升后下降。当空气

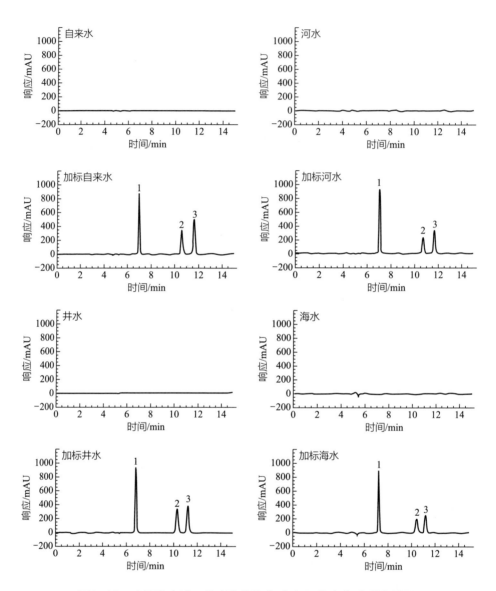

图4-10　嘧菌酯（1）、吡唑醚菌酯（2）和肟菌酯（3）的色谱图

辅助次数为4次时，回收率最高。因此，本实验选择4次作为空气辅助次数。

　　考察了氯化钠用量分别为0mg、10mg、50mg、100mg、150mg、200mg对萃取效率的影响。结果如图4-11（4）所示，随着氯化钠用量的增加，萃取效率先上升后下降。当氯化钠用量为150mg时，回收率最高。因此，本实验选择150mg作为氯化钠用量。

　　考察了pH分别为3、5、7、9、11对萃取效率的影响。结果如图4-11（5）所示，只有当pH为11时，肟菌酯的回收率较低。因此，本实验不需要调节pH。

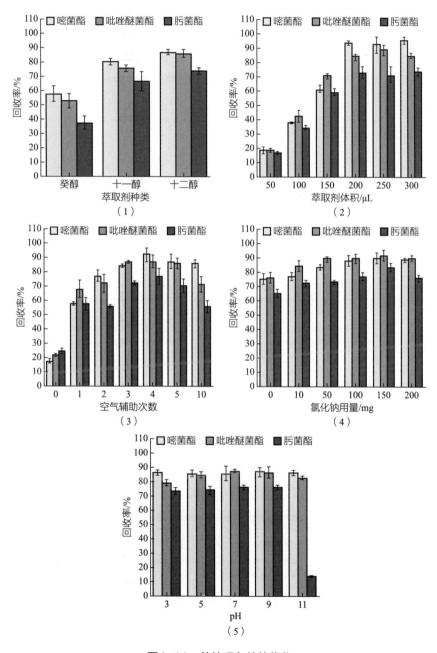

图4-11　前处理条件的优化

2.方法评价

在优化后的提取和检测条件下，对所建立方法的校正曲线、决定系数、检出限、定量限、日内精密度和日间精密度进行了评价。以样品质量浓度为横坐标，平均峰面积为纵坐标，计算校正曲线如表4-11所示，在0.05~5mg/L质量浓度范围内决定系数R^2大于0.996。以3倍信噪比计算检出限（LOD）为0.00073~0.00849mg/L，以10倍信噪比计算定量限（LOQ）为0.00245~0.02829mg/L。进行6次重复实验，日内相对标准偏差为1.8%~4.6%，日间相对标准偏差为2.3%~5.1%，表明该方法具有良好的线性范围、灵敏度和重复性。

表4-11　甲氧基丙烯酸酯类杀菌剂在自来水、河水、井水、海水中的
校正曲线、检出限、定量限和相对标准偏差

农药	样品	校正曲线	R^2	LOD/ (mg/L)	LOQ/ (mg/L)	日内 RSD/ %	日间 RSD/ %
嘧菌酯	自来水	$y = 3.58x + 69.73$	0.998	0.00078	0.00259	1.8	2.6
	河水	$y = 3.80x + 51.10$	0.998	0.00080	0.00267	2.0	3.2
	井水	$y = 3.61x + 95.85$	0.999	0.00081	0.00269	1.9	2.4
	海水	$y = 3.56x - 4.87$	0.997	0.00073	0.00245	3.0	2.5
吡唑醚菌酯	自来水	$y = 1.38x + 42.86$	0.999	0.00832	0.02773	3.9	4.3
	河水	$y = 1.52x + 29.08$	0.999	0.00819	0.02732	2.7	3.9
	井水	$y = 1.51x + 8.65$	0.999	0.00826	0.02755	1.9	3.5
	海水	$y = 1.34x + 11.99$	0.999	0.00849	0.02829	4.6	3.7
肟菌酯	自来水	$y = 0.75x + 28.98$	0.998	0.00383	0.01278	3.2	4.5
	河水	$y = 0.76x + 36.62$	0.997	0.00352	0.01172	1.9	2.3
	井水	$y = 0.74x + 38.54$	0.997	0.00357	0.01190	3.6	4.1
	海水	$y = 0.69x + 45.81$	0.996	0.00401	0.01337	3.0	5.1

3.实际样品分析

为评价方法的准确度和精密度，将优化后的提取和检测方法应用于自来水、河水、井水、海水中甲氧基丙烯酸酯类杀菌剂（嘧菌酯、吡唑醚菌酯和肟菌酯）的残留分析。农药在样品中的含量均低于方法检出限，平均添加回收率在75.3%~98.3%，相对标准偏差（RSD）在1.2%~8.5%（表4-12），表明该方法具有良好的准确度和精密度，可用于自来水、河水、井水、海水中甲氧基丙烯酸酯类杀菌剂的残留分析。

表4-12　测定自来水、河水、井水、海水中的甲氧基丙烯酸酯类杀菌剂

农药	质量浓度/（mg/L）	自来水		河水		井水		海水	
		回收率/%	RSD/%	回收率/%	RSD/%	回收率/%	RSD/%	回收率/%	RSD/%
嘧菌酯	0	—	—	—	—	—	—	—	—
	0.05	98.3	7.0	95.1	3.1	95.3	6.2	97.4	8.5
	0.5	92.5	1.2	96.5	1.2	93.2	2.0	89.6	2.7
	5	91.3	2.4	96.8	1.3	92.2	1.5	91.2	1.3
吡唑醚菌酯	0	—	—	—	—	—	—	—	—
	0.05	92.5	2.3	93.8	3.0	93.1	5.3	90.6	4.6
	0.5	92.6	5.3	94.5	2.0	93.1	2.9	90.8	5.3
	5	94.5	3.3	95.2	3.1	93.4	2.6	88.1	2.1
肟菌酯	0	—	—	—	—	—	—	—	—
	0.05	80.7	3.9	88.0	3.3	86.6	4.8	77.1	2.3
	0.5	81.5	2.4	88.8	3.4	84.4	3.4	75.3	3.3
	5	80.4	2.2	88.3	2.9	87.6	1.8	76.5	2.9

4.方法比较

将本方法与文献方法在前处理技术、萃取剂及用量、萃取时间、回收率和检出限方面进行了比较（表4-13）。本方法只使用了小体积的绿色萃取剂离子液体。萃取过程更快，不需要使用文献方法中的振荡、超声或涡旋等辅助设备。本方法具有

简单、快速、环境友好的优点。

表4-13　拟除虫菊酯类杀虫剂的方法比较

前处理技术	萃取剂及用量/μL	萃取时间/min	回收率/%	LOD/(μg/L)	方法比较
SPE	环己烷 4500 二氯甲烷 500	30	88.0~104.0	1.50	参考文献[91]
EME	离子液体 40	15	83.9~116.2	0.73~2.20	参考文献[92]
DLLME	离子液体 30 乙腈 300	1.25	98.0~115.0	0.02~0.04	参考文献[93]
DLLME	十二醇 200	<0.5	75.3~98.3	0.73~8.49	本方法

注：SPE 为固相萃取；EME 为乳化微萃取。

第五节
脂肪醇-蒸发辅助DLLME-固化技术-1

本节选取脂肪醇（癸醇、十一醇和十二醇）作为萃取剂，蒸发辅助分散，悬浮固化收集萃取剂，建立了一种脂肪醇-蒸发辅助DLLME-固化技术。采用高效液相色谱-二极管阵列检测器进行定量分析。最终，将该前处理和检测技术应用于自来水、水库水、河水中三唑类杀菌剂（腈菌唑、氟环唑和戊唑醇）的残留分析。

一、实验方法

1. 萃取步骤

将5mL样品、150μL二氯甲烷（低沸点溶剂）、125μL十二醇（萃取剂）和1500mg氧化钙加入10mL离心管中，随着氧化钙遇水释放大量的热，1min之内产生大量的二氯甲烷气体，完成蒸发辅助分散液液微萃取过程，此时三唑类杀菌剂从样品中转移到萃取剂中。将离心管置于冰浴中，待上层萃取剂从液态转化为固态后，收集萃取剂到色谱进样瓶中。脂肪醇-蒸发辅助DLLME-固化技术的步骤如图4-12所示。

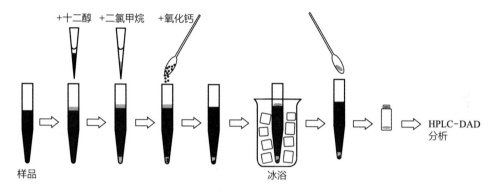

图4-12 脂肪醇-蒸发辅助DLLME-固化技术的步骤

2.检测步骤

三唑类杀菌剂（腈菌唑、氟环唑和戊唑醇）的分析采用安捷伦1260高效液相色谱-二极管阵列检测器。进样量为20μL，流动相为甲醇和水（80：20），流速为0.5mL/min，色谱柱为安捷伦ZORBAX Eclipse Plus C_{18}色谱柱（250mm×4.6mm，5μm），柱温为20℃，检测波长为220nm。色谱图如图4-13所示，腈菌唑（1）、氟环唑（2）和戊唑醇（3）的保留时间分别为9.0min、10.4min和12.8min。

二、结果与讨论

1.前处理条件的优化

考察了萃取剂体积分别为75μL、100μL、125μL、150μL、175μL、200μL、250μL对萃取效率的影响。结果如图4-14（1）所示，随着萃取剂体积的增加，萃取效率先上升后稳定。当萃取剂体积为150μL时，回收率较高。因此，本实验选择150μL作为萃取剂体积。

考察了低沸点溶剂种类分别为二氯甲烷、二硫化碳、三氯甲烷对萃取效率的影响。结果如图4-14（2）所示，当低沸点溶剂为二氯甲烷时，回收率最高。因此，

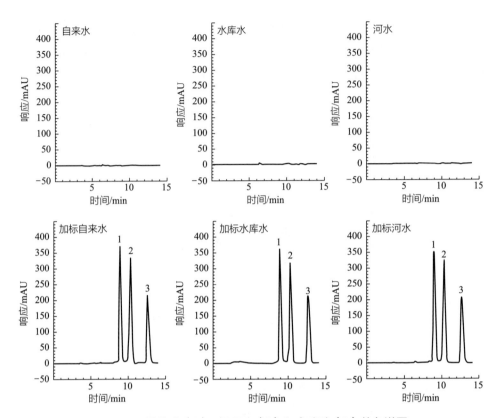

图4-13 腈菌唑（1）、氟环唑（2）和戊唑醇（3）的色谱图

本实验选择二氯甲烷作为低沸点溶剂。

考察了低沸点溶剂体积分别为25μL、50μL、100μL、150μL、200μL、250μL、300μL对萃取效率的影响。结果如图4-14（3）所示，随着低沸点溶剂体积的增加，萃取效率先上升后下降。当低沸点溶剂体积为150μL时，回收率最高。因此，本实验选择150μL作为低沸点溶剂体积。

考察了氧化钙用量分别为100mg、250mg、500mg、750mg、1000mg、1250mg、1500mg、1750mg对萃取效率的影响。结果如图4-14（4）所示，随着氧化钙用量的增加，萃取效率先上升后稳定。当氧化钙用量为1500mg时，回收率较高。因此，本实验选择1500mg作为氧化钙用量。

考察了氯化钠用量分别为0mg、100mg、250mg、500mg、750mg、1000mg、1500mg对萃取效率的影响。结果如图4-14（5）所示，随着氯化钠用量的增加，萃取效率逐渐下降。因此，本实验不需要添加氯化钠。

考察了pH分别为5、6、7、8、9对萃取效率的影响。由于加入了大量的氧化钙，样品始终保持碱性，确保目标物以非离子形式存在。结果如图4-14（6）所示，pH对萃取效率没有显著影响。因此，本实验不需要调节pH。

考察了样品体积分别为3mL、5mL、7mL、10mL对萃取效率的影响。结果如图4-14（7）所示，随着样品体积的增加，萃取效率先稳定后下降。当回收率相差不大时，优选体积大的，能获得更大的富集倍数，更好地体现方法的优势。因此，本实验选择5mL作为样品体积。

考察了萃取时间分别为1min、2.5min、5min、10min对萃取效率的影响。萃取时间小于1min时，反应仍比较剧烈。结果如图4-14（8）所示，随着萃取时间的增加，萃取效率逐渐下降。当萃取时间为1min时，回收率较高。因此，本实验选择1min作为萃取时间。

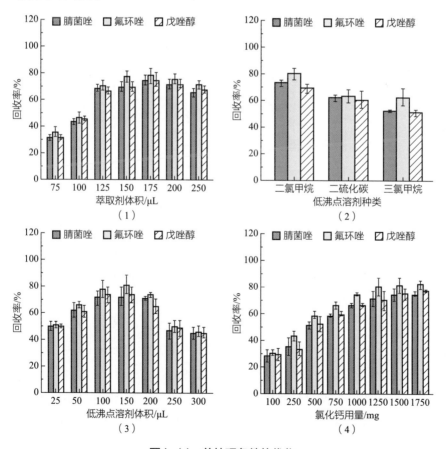

图4-14　前处理条件的优化

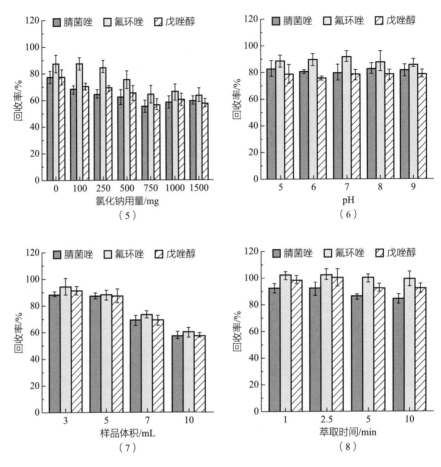

图4-14　前处理条件的优化（续）

2.方法评价

在优化后的提取和检测条件下，对所建立方法的校正曲线、决定系数、检出限、定量限、日内精密度和日间精密度进行了评价。以样品质量浓度为横坐标，平均峰面积为纵坐标，计算校正曲线如表4-14所示，在0.05~5mg/L质量浓度范围内决定系数R^2大于0.999。以3倍信噪比计算检出限（LOD）为0.0051~0.0090mg/L，以10倍信噪比计算定量限（LOQ）为0.0169~0.0299mg/L。进行3次重复实验，日内相对标准偏差为0.8%~3.8%，日间相对标准偏差为1.9%~6.2%，表明该方法具有良好的线性范围、灵敏度和重复性。

表4-14　三唑类杀菌剂在地表水、湖水、河水中的校正曲线、
检出限、定量限和相对标准偏差

农药	样品	校正曲线	R^2	LOD/ (mg/L)	LOQ/ (mg/L)	日内 RSD/ %	日间 RSD/ %
腈菌唑	地表水	$y = 1464.7x - 5.475$	0.999	0.0053	0.0178	1.6	6.2
	湖水	$y = 1604.5x + 4.302$	0.999	0.0066	0.0220	3.4	5.2
	河水	$y = 1223.2x - 11.835$	0.999	0.0090	0.0299	3.6	5.7
氟环唑	地表水	$y = 1441.4x - 7.744$	0.999	0.0051	0.0169	1.5	3.3
	湖水	$y = 1532.6x + 12.578$	0.999	0.0069	0.0231	2.2	1.9
	河水	$y = 1182.8x + 2.910$	0.999	0.0074	0.0245	0.8	2.0
戊唑醇	地表水	$y = 1403.3x - 10.215$	0.999	0.0057	0.0189	2.7	5.1
	湖水	$y = 1598.4x + 5.220$	0.999	0.0075	0.0249	3.6	4.9
	河水	$y = 1219.3x - 5.863$	0.999	0.0080	0.0268	3.8	5.8

3. 实际样品分析

为评价方法的准确度和精密度，将优化后的提取和检测方法应用于自来水、水库水、河水中三唑类杀菌剂（腈菌唑、氟环唑和戊唑醇）的残留分析。农药在样品中的含量均低于方法检出限，平均添加回收率在77.6%~104.4%，相对标准偏差（RSD）在0.6%~7.8%（表4-15），表明该方法具有良好的准确度和精密度，可用于地表水、湖水、河水中三唑类杀菌剂的残留分析。

表4-15　测定自来水、水库水、河水中的三唑类杀菌剂

农药	质量浓度 / (mg/L)	自来水		水库水		河水	
		回收率 / %	RSD/ %	回收率 / %	RSD/ %	回收率 / %	RSD/ %
腈菌唑	0	—	—	—	—	—	—
	0.05	91.7	6.5	91.7	6.5	78.3	5.2
	0.5	93.3	4.4	85.1	4.4	89.9	2.1
	5	95.7	1.7	89.2	1.6	90.1	1.8

续表

农药	质量浓度 / (mg/L)	自来水		水库水		河水	
		回收率 / %	RSD/ %	回收率 / %	RSD/ %	回收率 / %	RSD/ %
氟环唑	0	—	—	—	—	—	—
	0.05	92.2	3.1	85.2	2.2	79.6	5.7
	0.5	102.0	2.6	92.5	1.5	96.5	2.7
	5	104.4	2.6	95.6	0.7	100.8	1.7
戊唑醇	0	—	—	—	—	—	—
	0.05	82.5	7.8	77.6	5.3	82.1	5.8
	0.5	94.8	2.4	89.7	2.1	87.7	4.9
	5	101.1	0.6	93.5	1.1	95.4	2.1

4. 方法比较

将本方法与文献方法在前处理技术、萃取剂及用量、萃取时间、检测技术、回收率和检出限方面进行了比较（表4-16）。本方法只使用了小体积的绿色萃取剂十二醇。萃取过程更快，不需要使用文献方法中的水浴、超声、搅拌或涡旋等辅助设备，并可以同时处理大批量的样品。本方法具有简单、快速、高效的优点。

表4-16　三唑类杀菌剂的方法比较

前处理技术	萃取剂及用量 /μL	萃取时间 / min	检测技术	回收率 / %	LOD/ (μg/L)	方法比较
CPE	PEG600MO 400	10	HPLC-UV	82.0~ 96.0	6.8~ 34.5	参考文献 [86]
EME	十一醇 50	18	HPLC-DAD	64.0~ 112.0	11.2~ 17.2	参考文献 [95]
SDME	离子液体 10	40	HPLC-UV	74.9~ 96.1	0.1~0.2	参考文献 [96]

续表

前处理技术	萃取剂及用量 /μL	萃取时间 /min	检测技术	回收率 /%	LOD/（μg/L）	方法比较
DLLME	乙腈 250 离子液体 70	2	HPLC-PDA	71.0~104.5	0.4~6.7	参考文献[61]
DLLME	十二醇 125	1	HPLC-DAD	77.6~104.4	5.1~9.0	本方法

注：CPE 为浊点萃取；EME 为乳化萃取；PEG600MO 为聚乙二醇 600 单油酸酯。

第六节
脂肪醇-蒸发辅助DLLME-固化技术-2

本节选取脂肪醇（十一醇和十二醇）作为萃取剂，蒸发辅助分散，悬浮固化收集萃取剂，建立了一种脂肪醇-蒸发辅助DLLME-固化技术。采用高效液相色谱-二极管阵列检测器进行定量分析。最终，将该前处理和检测技术应用于果汁（葡萄汁、梨汁和苹果汁）中三嗪类除草剂（西玛津和莠去津）的残留分析。

一、实验方法

1.萃取步骤

将5mL样品、150μL二氯甲烷（低沸点溶剂）、250μL十二醇（萃取剂）和1250mg 氧化钙加入10mL离心管中，随着氧化钙遇水释放大量的热，1min之内产生大量的二氯甲烷气体，完成蒸发辅助分散液液微萃取过程，此时三嗪类除草剂从样品中转移到萃取剂中。将离心管置于冰浴中，待上层萃取剂从液态转化为固态后，收集萃取剂到色谱进样瓶中。脂肪醇-蒸发辅助DLLME-固化技术的步骤如图4-15所示。

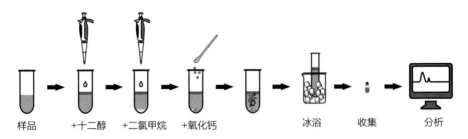

图4-15　脂肪醇-蒸发辅助DLLME-固化技术的步骤

样品　+十二醇　+二氯甲烷　+氧化钙　　　　冰浴　　收集　　分析

2.检测步骤

三嗪类除草剂（西玛津和莠去津）的分析采用安捷伦1260高效液相色谱-二极管阵列器。进样量为20μL，流动相为甲醇和水（80∶20），流速为0.5mL/min，色谱柱为安捷伦ZORBAX Eclipse Plus C$_{18}$色谱柱（250mm×4.6mm，5μm），柱温为20℃，检测波长为220nm。西玛津和莠去津的保留时间分别为7.0min和7.6min。

二、结果与讨论

1.前处理条件的优化

考察了萃取剂种类分别为十一醇、十二醇对萃取效率的影响。结果如图4-16（1）所示，当萃取剂为十二醇时，回收率更高。因此，本实验选择十二醇作为萃取剂。

考察了萃取剂体积分别为100μL、150μL、200μL、250μL、300μL、350μL对萃取效率的影响。结果如图4-16（2）所示，随着萃取剂体积的增加，萃取效率先上升后下降。当萃取剂体积为250μL时，回收率均相对高。因此，本实验选择250μL作为萃取剂体积。

考察了低沸点溶剂种类分别为二氯甲烷、二硫化碳、三氯甲烷对萃取效率的影响。结果如图4-16（3）所示，当低沸点溶剂为二氯甲烷时，回收率最高。因此，本实验选择二氯甲烷作为低沸点溶剂。

考察了低沸点溶剂体积分别为25μL、50μL、100μL、150μL、200μL、250μL、300μL对萃取效率的影响。结果如图4-16（4）所示，随着低沸点溶剂体积的增加，萃取效率先上升后下降。当低沸点溶剂体积为150μL时，回收率最高。因此，本实验选择150μL作为低沸点溶剂体积。

考察了氧化钙用量分别为100mg、250mg、500mg、750mg、1000mg、1250mg对萃取效率的影响。结果如图4-16（5）所示，随着氧化钙用量的增加，萃取效率逐渐上升。当氧化钙用量为1250mg时，回收率最高。因此，本实验选择1250mg作为氧化钙用量。

考察了氯化钠用量分别为0mg、50mg、100mg、150mg、200mg对萃取效率的影响。结果如图4-16（6）所示，氯化钠用量对萃取效率没有显著影响。因此，本实验不需要添加氯化钠。

考察了萃取时间分别为30s、60s、150s、300s、600s对萃取效率的影响。结果如图4-16（7）所示，随着萃取时间的增加，萃取效率先上升后下降。当萃取时间为60s时，回收率较高。因此，本实验选择60s作为萃取时间。

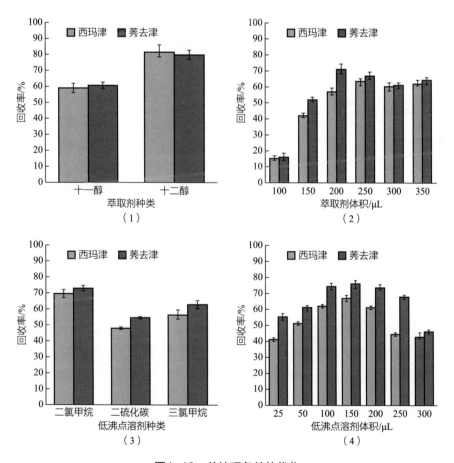

图4-16　前处理条件的优化

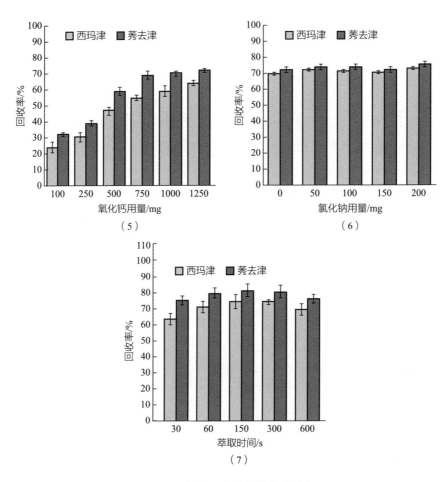

图4-16   前处理条件的优化（续）

2.方法评价

在优化后的提取和检测条件下，对所建立方法的校正曲线、决定系数、检出限、定量限、日内精密度和日间精密度进行了评价。以样品质量浓度为横坐标，平均峰面积为纵坐标，计算校正曲线如表4-17所示，在0.05~5mg/L质量浓度范围内决定系数R^2大于0.999。以3倍信噪比计算检出限（LOD）为0.0022~0.0034mg/L，以10倍信噪比计算定量限（LOQ）为0.0073~0.0113mg/L。进行3次重复实验，日内相对标准偏差为4.4%~6.8%，日间相对标准偏差为5.2%~8.4%，表明该方法具有良好的线性范围、灵敏度和重复性。

表4-17　三嗪类除草剂在果汁中的校正曲线、检出限、定量限和相对标准偏差

农药	样品	校正曲线	R^2	LOD/ (mg/L)	LOQ/ (mg/L)	日内 RSD/ %	日间 RSD/ %
西玛津	葡萄汁	$y = 5086.8x + 2.6285$	0.992	0.0030	0.0099	5.4	6.7
	梨汁	$y = 4939.2x - 55.670$	0.996	0.0034	0.0113	4.6	7.7
	苹果汁	$y = 4885.6x - 3.6854$	0.992	0.0034	0.0113	5.3	6.0
莠去津	葡萄汁	$y = 4711.2x - 65.481$	0.999	0.0022	0.0073	6.8	8.4
	梨汁	$y = 4675.2x - 65.660$	0.996	0.0023	0.0076	6.5	8.1
	苹果汁	$y = 4835.6x - 84.958$	0.999	0.0022	0.0073	4.4	5.2

3.实际样品分析

为评价方法的准确度和精密度，将优化后的提取和检测方法应用于果汁（葡萄汁、梨汁和苹果汁）中三嗪类除草剂（西玛津和莠去津）的残留分析。农药在样品中的含量均低于方法检出限，平均添加回收率在78.5%~96.4%，相对标准偏差（RSD）在1.2%~8.2%（表4-18），表明该方法具有良好的准确度和精密度，可用于果汁中三嗪类除草剂的残留分析。

表4-18　测定果汁中的三嗪类除草剂

农药	质量浓度/ (mg/L)	葡萄汁		梨汁		苹果汁	
		回收率/ %	RSD/ %	回收率/ %	RSD/ %	回收率/ %	RSD/ %
西玛津	0	—	—	—	—	—	—
	0.05	79.6	2.9	80.5	1.5	84.6	2.8
	0.5	86.4	4.8	96.4	1.2	93.5	5.1
	5	79.9	1.5	79.2	6.8	78.5	2.4
莠去津	0	—	—	—	—	—	—
	0.05	84.9	7.5	96.3	8.2	82.6	3.5
	0.5	82.8	4.6	93.8	7.9	88.8	1.9
	5	82.8	6.7	89.1	7.0	81.7	2.2

4. 方法比较

将本方法与文献方法在前处理技术、萃取剂、萃取时间、设备、检测技术、回收率和检出限方面进行了比较（表4-19）。本方法使用了绿色萃取剂十二醇。萃取过程更快，不需要使用微波、涡旋、蠕动泵、水浴或离心等辅助设备，并可以同时处理大批量的样品。本方法具有简单、快速、环境友好的优点。

表4-19　三嗪类除草剂的方法比较

前处理技术	萃取剂	萃取时间 /min	设备	检测技术	回收率 / %	LOQ/（μg/L）	方法比较
DLLME	离子液体	1.5	微波离心	HPLC-UV	76.7~105.7	1.0~1.6	参考文献[98]
EME	十二醇	0.5	涡旋离心	HPLC-DAD	82.4~105.6	5~90	参考文献[99]
CFME	氯苯	8.3	蠕动泵水浴离心	HPLC-UV	71.0~90.0	0.5~1	参考文献[100]
DLLME	薄荷醇	1	涡旋水浴离心	GC-FID	53.0~84.0	1.7~4.3	参考文献[101]
DLLME	十二醇	1	—	HPLC-DAD	78.5~96.4	7.3~11.3	本方法

注：EME 为乳化微萃取；CFME 为连续样品液滴流动微萃取。

第五章

泡腾辅助分散液液微萃取技术的应用

第一节
脂肪醇-泡腾辅助DLLME-固化技术

　　本节选取脂肪醇（十一醇和十二醇）作为萃取剂，泡腾辅助分散，悬浮固化收集萃取剂，建立了一种脂肪醇-泡腾辅助DLLME-固化技术。采用高效液相色谱-二极管阵列检测器进行定量分析。最终，将该前处理和检测技术应用于果汁（葡萄汁和柚子汁）和食醋（苹果醋和高粱醋）中三唑类杀菌剂（腈菌唑、戊唑醇和氟环唑）的残留分析。

一、实验方法

1. 萃取步骤

　　将5mL酸性样品、100mg 氯化钠、200μL十二醇（萃取剂）和50mg碳酸氢钠依次加入15mL离心管中，30s之内产生大量的二氧化碳气泡，完成泡腾辅助分散液液微萃取过程，此时三唑类杀菌剂从样品中转移到萃取剂中。将离心管在3000r/min的转速下离心3min，然后置于冰浴中。待上层萃取剂从液态转化为固态后，收集萃取剂到色谱进样瓶中。脂肪醇-泡腾辅助DLLME-固化技术的步骤如图5-1所示。

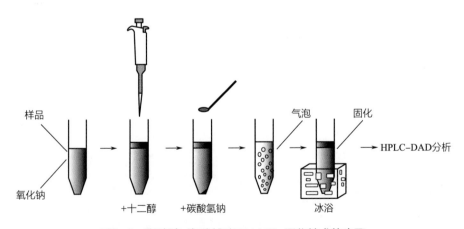

图5-1　脂肪醇-泡腾辅助DLLME-固化技术的步骤

2.检测步骤

三唑类杀菌剂（腈菌唑、戊唑醇和氟环唑）的分析采用安捷伦1260高效液相色谱-二极管阵列检测器。进样量为20μL，流动相为甲醇和水（80∶20），流速为0.5mL/min，色谱柱为安捷伦ZORBAX Eclipse Plus C_{18}色谱柱（250mm×4.6mm，5μm），柱温为20℃，检测波长为220nm。

二、结果与讨论

1.前处理条件的优化

考察了萃取剂种类分别为十一醇、十二醇对萃取效率的影响。结果如图5-2（1）所示，当萃取剂为十二醇时，回收率更高。因此，本实验选择十二醇作为萃取剂。

考察了萃取剂体积分别为20μL、50μL、100μL、150μL、200μL、250μL、300μL对萃取效率的影响。结果如图5-2（2）所示，随着萃取剂体积的增加，萃取效率先上升后稳定。当萃取剂体积为200μL时，回收率较高。因此，本实验选择200μL作为萃取剂体积。

考察了碳酸氢钠用量分别为5mg、10mg、20mg、50mg、100mg对萃取效率的影响。结果如图5-2（3）所示，随着碳酸氢钠用量的增加，腈菌唑萃取效率上升，戊唑醇和氟环唑萃取效率先上升后稳定。当碳酸氢钠用量为50mg时，回收率较高。因此，本实验选择50mg作为碳酸氢钠用量。

考察了氯化钠用量分别为50mg、100mg、150mg、200mg、300mg对萃取效率的影响。结果如图5-2（4）所示，随着氯化钠用量的增加，萃取效率先稳定后下降。当氯化钠用量为100mg时，回收率较高。因此，本实验选择100mg作为氯化钠用量。

考察了萃取时间分别为0.5min、1min、2min、3min、5min、10min对萃取效率的影响。结果如图5-2（5）所示，萃取时间对萃取效率没有显著影响。因此，本实验选择0.5min作为萃取时间。

2.方法评价

在优化后的提取和检测条件下，对所建立方法的校正曲线、决定系数、检出限、定量限、日内精密度和日间精密度进行了评价。以质量浓度为横坐标，平均峰

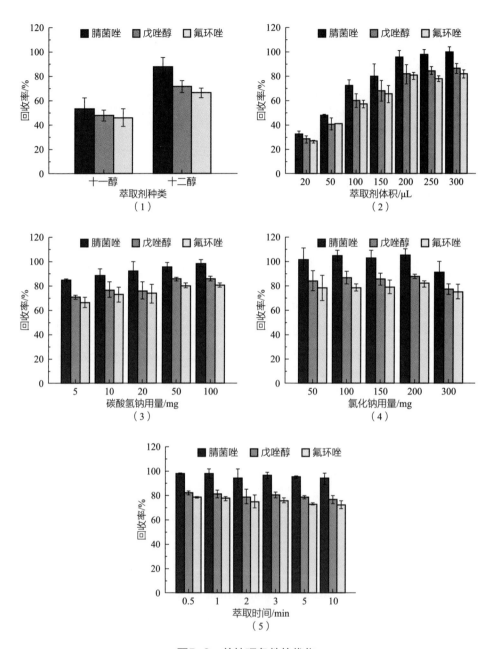

图5-2 前处理条件的优化

面积为纵坐标，计算校正曲线如表5-1所示，在0.01~1mg/L质量浓度范围内决定系数R^2大于0.995。以3倍信噪比计算检出限（LOD）为0.0012~0.0029mg/L，以10倍信噪比计算定量限（LOQ）为0.0041~0.0098mg/L。进行6次重复实验，日内相对标准偏差为2.2%~7.5%，日间相对标准偏差为4.5%~9.1%，表明该方法具有良好的线性范围、灵敏度和重复性。

表5-1　三唑类杀菌剂在果汁和食醋中的校正曲线、检出限、定量限和相对标准偏差

农药	样品	校正曲线	R^2	LOD/（mg/L）	LOQ/（mg/L）	日内RSD/%	日间RSD/%
腈菌唑	葡萄汁	$y = 3.223x + 1.827$	0.998	0.0023	0.0076	4.5	8.7
	柚子汁	$y = 3.365x + 14.923$	0.999	0.0012	0.0041	4.3	9.0
	苹果醋	$y = 4.379x + 19.141$	0.999	0.0014	0.0046	4.7	6.2
	高粱醋	$y = 3.843x - 9.538$	0.999	0.0026	0.0088	3.3	5.2
戊唑醇	葡萄汁	$y = 2.399x - 1.741$	0.999	0.0029	0.0098	2.2	5.2
	柚子汁	$y = 3.221x + 12.049$	0.997	0.0026	0.0086	2.9	4.5
	苹果醋	$y = 3.187x - 4.462$	0.998	0.0024	0.0079	4.6	9.1
	高粱醋	$y = 3.582x + 0.317$	0.995	0.0027	0.0091	4.7	6.9
氟环唑	葡萄汁	$y = 2.978x + 11.157$	0.996	0.0022	0.0073	4.0	9.3
	柚子汁	$y = 2.392x + 5.563$	0.995	0.0015	0.0050	2.2	6.1
	苹果醋	$y = 3.407x + 14.654$	0.995	0.0028	0.0094	4.2	5.5
	高粱醋	$y = 2.771x - 3.615$	0.998	0.0025	0.0084	7.5	7.9

3.实际样品分析

为评价方法的准确度和精密度，将优化后的提取和检测方法应用于果汁（葡萄汁和柚子汁）和食醋（苹果醋和高粱醋）中三唑类杀菌剂（腈菌唑、戊唑醇和氟环唑）的残留分析。农药在样品中的含量均低于方法检出限，平均添加回收率在70.4%~103.1%，相对标准偏差（RSD）在2.0%~14.1%（表5-2），表明该方法具有良好的准确度和精密度，可用于果汁和食醋中三唑类杀菌剂的残留分析。

表5-2　测定果汁和食醋中的三唑类杀菌剂

农药	质量浓度 / （mg/L）	葡萄汁		柚子汁		苹果醋		高粱醋	
		回收率 / %	RSD/ %	回收率 / %	RSD/ %	回收率 / %	RSD/ %	回收率 / %	RSD/ %
腈菌唑	0	—	—	—	—	—	—	—	—
	0.01	95.5	8.6	87.0	2.0	99.4	8.9	87.6	7.2
	0.1	79.6	14.1	88.6	5.1	98.1	8.1	103.1	4.5
戊唑醇	0	—	—	—	—	—	—	—	—
	0.01	76.7	11.0	79.6	4.3	83.6	6.0	89.4	2.1
	0.1	75.2	10.1	73.8	4.6	81.2	10.8	87.1	7.5
氟环唑	0	—	—	—	—	—	—	—	—
	0.01	71.5	4.6	74.0	7.7	82.1	4.2	77.6	6.2
	0.1	73.1	10.9	70.4	3.3	75.0	13.3	84.2	4.9

4. 方法比较

将本方法与文献方法在前处理技术、萃取剂、萃取时间、设备、检测技术、回收率和检出限方面进行了比较（表5-3）。本方法使用了绿色萃取剂十二醇。萃取过程更快，不需要使用分散剂，也不需要使用搅拌、超声或涡旋等辅助设备或手动抽打注射器的操作。本方法具有简单、快速、环境友好的优点。

表5-3　三唑类杀菌剂的方法比较

前处理技术	萃取剂	萃取时间 /min	设备	检测技术	回收率 /%	LOD/ （μg/L）	方法比较
SDME	离子液体	40	搅拌	HPLC-UV	74.9~96.1	0.1~0.2	参考文献 [96]
EME	十一醇	18	超声	HPLC-DAD	64.0~112.0	11.2~17.2	参考文献 [95]
DLLME	离子液体	2	涡旋	HPLC-PDA	71.0~104.5	0.4~6.7	参考文献 [61]
DLLME	离子液体	<1	手动抽打	HPLC-UV	74.9~115.4	0.4~1.8	参考文献 [102]
DLLME	十二醇	0.5	—	HPLC-DAD	70.4~103.1	1.2~2.9	本方法

注：EME 为乳化微萃取。

第二节
可转化脂肪酸-泡腾辅助DLLME-免离心-固化技术

本节选取可转化脂肪酸（癸酸、十二酸和十四酸）作为萃取剂，泡腾辅助分散，去乳化剂（甲醇、乙腈和丙酮）替代离心实现相分离，悬浮固化收集萃取剂，建立了一种可转化脂肪酸-泡腾辅助DLLME-免离心-固化技术。采用高效液相色谱-荧光检测器进行定量分析。最终，将该前处理和检测技术应用于矿泉水、茶饮料、碳酸饮料和白酒中农药助剂（4-叔辛基苯酚、壬基酚和辛基酚）的残留分析。

一、实验方法

1. 萃取步骤

将5mL样品、90mg 癸酸钠（萃取剂前体）、50mg碳酸钠和211μL磷酸依次加入60℃水浴的15mL巴氏吸管中，萃取剂癸酸原位生成，并产生大量的二氧化碳气泡，完成泡腾辅助分散液液微萃取过程，此时农药助剂从样品中转移到萃取剂中。将800μL乙腈（去乳化剂）快速注入样品，无须离心即可实现萃取剂与样品的分相，然后置于室温中，10min之内待上层萃取剂从液态转化为固态后，将巴氏吸管剪开并倒置，收集萃取剂到色谱进样瓶中。可转化脂肪酸-泡腾辅助DLLME-免离心-固化技术的步骤如图5-3所示。

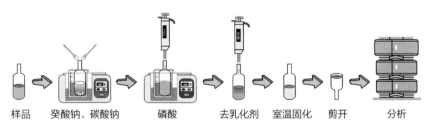

样品　　癸酸钠、碳酸钠　　磷酸　　去乳化剂　室温固化　剪开　　　分析

图5-3　可转化脂肪酸-泡腾辅助DLLME-免离心-固化技术的步骤

2. 检测步骤

农药助剂（4-叔辛基苯酚、壬基酚和辛基酚）的分析采用安捷伦1260高效液相色谱-荧光检测器。进样量为20μL，流动相为甲醇和水（80∶20），流速为

0.5mL/min，色谱柱为安捷伦ZORBAX Eclipse Plus C_{18}色谱柱（150mm×4.6mm，5μm），柱温为20℃，激发波长为228nm，发射波长为305nm。色谱图如图5-4所示，4-叔辛基苯酚（1）、壬基酚（2）和辛基酚（3）的保留时间分别为13.5min、16.2min和19.5min。

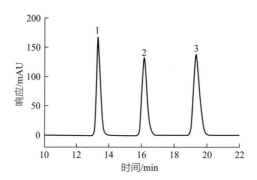

图5-4　4-叔辛基苯酚（1）、壬基酚（2）和辛基酚（3）的色谱图

二、结果与讨论

1.前处理条件的优化

考察了萃取剂前体种类分别为癸酸钠、十二酸钠和十四酸钠对萃取效率的影响。结果如图5-5（1）所示，当萃取剂前体为癸酸钠时，回收率最高。因此，本实验选择癸酸钠作为萃取剂前体。

考察了萃取剂前体用量分别为70mg、80mg、90mg、100mg、110mg、120mg对萃取效率的影响。结果如图5-5（2）所示，随着萃取剂前体用量的增加，萃取效率先上升后稳定。当萃取剂前体用量为90mg时，回收率最高。因此，本实验选择90mg作为萃取剂前体用量。

考察了碳酸钠用量分别为0mg、10mg、20mg、30mg、40mg、50mg、60mg、70mg、80mg对萃取效率的影响。结果如图5-5（3）所示，随着碳酸钠用量的增加，萃取效率先上升后稳定。当碳酸钠用量为50mg时，回收率较高。因此，本实验选择50mg作为碳酸钠用量。

考察了碳酸钠与磷酸摩尔比分别为1∶4、1∶5、1∶6、1∶7、1∶8、1∶9、1∶10对萃取效率的影响。结果如图5-5（4）所示，当摩尔比为1∶7时，回收率最高。因此，本实验选择1∶7作为碳酸钠与磷酸摩尔比。

考察了去乳化剂种类分别为甲醇、乙腈、丙酮对萃取效率的影响。结果如图5-5（5）所示，当去乳化剂为乙腈时，回收率最高。因此，本实验选择乙腈作为去乳化剂。

考察了去乳化剂体积分别为0μL、200μL、400μL、600μL、800μL、1000μL、1200μL、1400μL、1600μL对萃取效率的影响。结果如图5-5（6）所示，随着去乳化剂体积的增加，萃取效率先上升后下降。当去乳化剂体积为800μL时，回收率最高。因此，本实验选择800μL作为去乳化剂体积。

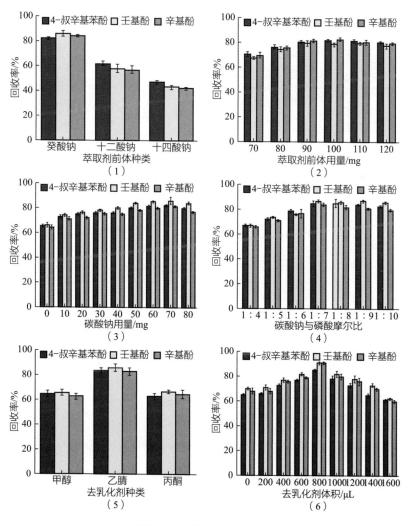

图5-5　前处理条件的优化

2.方法评价

在优化后的提取和检测条件下，对所建立方法的校正曲线、决定系数、检出限、定量限、日内精密度和日间精密度进行了评价。以质量浓度为横坐标，平均峰面积为纵坐标，计算校正曲线如表5-4所示，在0.1~10mg/L质量浓度范围内决定系数R^2大于0.997。以3倍信噪比计算检出限（LOD）为0.00047~0.00069mg/L，以10倍信噪比计算定量限（LOQ）为0.00155~0.00230mg/L。进行3次重复实验，日内相对标准偏差为0.5%~4.1%，日间相对标准偏差为0.3%~5.9%，表明该方法具有良好的线性范围、灵敏度和重复性。

表5-4　农药助剂在矿泉水、茶饮料、碳酸饮料和白酒中的校正
曲线、检出限、定量限和相对标准偏差

农药	样品	校正曲线	R^2	LOD/ (mg/L)	LOQ/ (mg/L)	日内 RSD/ %	日间 RSD/ %
4-叔辛基苯酚	矿泉水	$y = 2991.4x + 410.44$	0.999	0.00052	0.00175	1.0	0.3
	茶饮料	$y = 2220.1x + 490.81$	0.997	0.00057	0.00191	0.9	2.0
	碳酸饮料	$y = 3159.9x + 316.97$	0.999	0.00054	0.00181	1.5	2.3
	白酒	$y = 3311.9x + 118.35$	0.999	0.00055	0.00184	1.5	1.5
壬基酚	矿泉水	$y = 2969.3x + 284.20$	0.999	0.00067	0.00222	0.4	3.0
	茶饮料	$y = 2193.8x + 412.15$	0.998	0.00069	0.00230	2.6	2.4
	碳酸饮料	$y = 3159.1x + 155.49$	0.999	0.00068	0.00226	0.7	3.6
	白酒	$y = 3305.3x + 39.65$	0.999	0.00069	0.00229	0.9	2.3
辛基酚	矿泉水	$y = 3598.8x + 413.18$	0.999	0.00047	0.00155	0.5	3.3
	茶饮料	$y = 2678.1x + 540.43$	0.998	0.00052	0.00173	4.1	0.8
	碳酸饮料	$y = 3851.7x + 257.57$	0.999	0.00047	0.00158	0.5	5.9
	白酒	$y = 4038.3x + 120.07$	0.999	0.00051	0.00169	0.9	2.6

3. 实际样品分析

为评价方法的准确度和精密度，将优化后的提取和检测方法应用于矿泉水、茶饮料、碳酸饮料和白酒中农药助剂（4-叔辛基苯酚、壬基酚和辛基酚）的残留分析。农药在样品中的含量均低于方法检出限，平均添加回收率在75.8%~94.4%，相对标准偏差（RSD）在0.3%~7.0%（表5-5），表明该方法具有良好的准确度和精密度，可用于矿泉水、茶饮料、碳酸饮料和白酒中农药助剂的残留分析。

表5-5　测定矿泉水、茶饮料、碳酸饮料和白酒中的农药助剂

农药	质量浓度 / （mg/L）	矿泉水		茶饮料		碳酸饮料		白酒	
		回收率 / %	RSD/ %	回收率 / %	RSD/ %	回收率 / %	RSD/ t%	回收率 / %	RSD/ %
4-叔辛基苯酚	0	—	—	—	—	—	—	—	—
	0.1	85.8	2.3	78.5	0.6	79.5	3.2	94.4	2.3
	1	87.1	0.6	82.3	2.9	80.4	2.8	82.1	1.1
	10	82.1	0.7	79.4	2.5	81.8	0.5	85.6	1.6
壬基酚	0	—	—	—	—	—	—	—	—
	0.1	83.2	4.6	80.7	3.0	78.4	3.9	94.0	2.7
	1	81.6	0.8	84.3	1.8	77.7	1.0	80.1	1.2
	10	81.2	0.3	78.2	2.9	81.4	0.4	85.2	2.1
辛基酚	0	—	—	—	—	—	—	—	—
	0.1	80.3	7.0	76.7	2.2	75.8	3.0	86.1	2.7
	1	81.8	0.6	79.9	1.7	76.5	2.8	80.1	0.8
	10	80.5	0.6	78.1	2.8	81.2	0.7	85.2	2.0

4. 方法比较

将本方法与文献方法在前处理技术、萃取剂、萃取时间、检测技术、回收率和检出限方面进行了比较（表5-6）。本方法使用了绿色萃取剂癸酸钠。萃取过程更快，不需要使用耗时的离心设备。本方法具有简单、高效、环境友好的优点。

表5-6　农药助剂的方法比较

前处理技术	萃取剂	萃取时间/min	检测技术	回收率/%	LOD/（μg/L）	方法比较
HLLME DLLME	乙腈 四氯化碳	40	HPLC-UV-VIS	81.0~99.0	0.20	参考文献[104]
SDME	辛醇 辛烷 辛酸	40	HPLC-PAD	93.8~106.9	0.33	参考文献[105]
DLLME	壬酸	13	HPLC-DAD	87.9~106.6	0.53	参考文献[106]
CPE	十二酸 聚乙二醇6000	5	HPLC-FLD	97.0~106.0	0.63~1.30	参考文献[107]
DLLME	癸酸	3	HPLC-FLD	72.7~94.4	0.47~0.69	本方法

注：CPE为浊点萃取。

第三节
可转化脂肪酸-泡腾辅助DLLME-固化技术

　　本节选取可转化脂肪酸（辛酸、壬酸和癸酸）作为萃取剂，泡腾辅助分散，悬浮固化收集萃取剂，建立了一种可转化脂肪酸-泡腾辅助DLLME-固化技术。采用智能手机-数字图像比色法进行定量分析。最终，将该前处理和检测技术应用于谷物（大米和小麦）、油料（大豆）和蔬菜（白菜）中氨基甲酸酯类杀虫剂（甲萘威）的残留分析。

一、实验方法

1.试样的制备
将1g粉碎后的谷物样品加入5mL离心管中，再加入1mL乙腈，涡旋3min，收集上清液并通过0.22μm的滤膜，制得样品溶液。

2.萃取步骤

将0.6mL样品溶液和4.4mL去离子水加入10mL离心管中。加入40mg碳酸钠将样品溶液调成碱性，甲萘威在碱性条件下水解成1-萘酚（图5-6）。将80μL辛酸（萃取剂）加入样品溶液，辛酸在碱性条件下转化成辛酸根离子。加入70mg柠檬酸将溶液调成酸性，萃取剂辛酸原位生成，并产生大量的二氧化碳气泡，完成泡腾辅助分散液液微萃取过程，此时1-萘酚从样品溶液中转移到萃取剂中。将离心管在5000r/min的转速下离心3min，然后置于冰浴中。待上层萃取剂从液态转化为固态后，收集萃取剂。可转化脂肪酸-泡腾辅助DLLME-固化技术的步骤如图5-7所示。

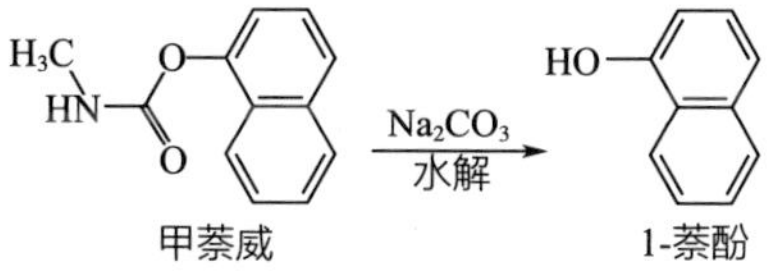

图5-6　甲萘威的水解反应

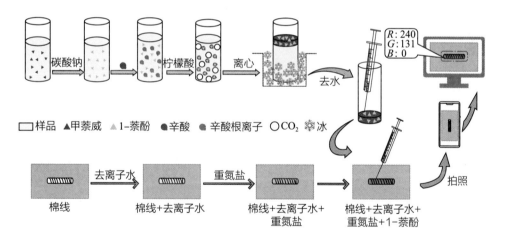

图5-7　可转化脂肪酸-泡腾辅助DLLME-固化技术的步骤

3.线程微流控平台的制备

天然棉线的最外层是疏水的角质层，会影响毛细管现象和润湿性能。为去除该角质层，将棉线在Na₂CO₃沸腾溶液（10mg/mL）中洗涤5min，再用蒸馏水漂洗，直至漂洗液的pH为中性，室温干燥后放在干燥器中保存。将处理后的棉线剪成

（1±0.1）cm长的小段，用双面胶将其粘贴到白色的聚氯乙烯板上。将7μL去离子水（pH 7）加至棉线上，待棉线全部润湿后，加入5μL 4-甲氧苯重氮四氟硼酸盐溶液（10mmol/L），室温干燥后放在干燥器中保存。

4. 检测步骤

氨基甲酸酯类杀虫剂（甲萘威）的数字图像比色分析采用华为Mate 30 Pro智能手机。将6μL融化后的萃取剂加入到线程微流控平台上，萃取剂中的1-萘酚与棉线上的重氮盐发生偶联反应，棉线的颜色变成橘红色（图5-8）。反应20min后，将棉线置入不透光的拍照灯箱中，在恒定LED灯亮度和手机位置的条件下进行拍照，在RGB模式下读取数据计算强度I，其中$I = 255-G$，G为绿色通道的数值。

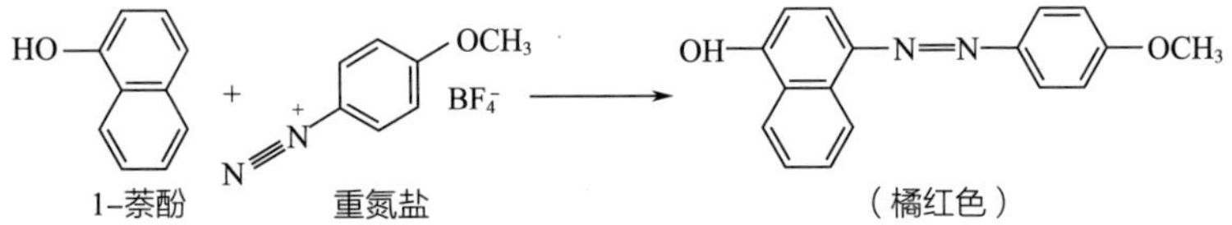

图5-8　1-萘酚与重氮盐的偶联反应

二、结果与讨论

1. 前处理条件的优化

考察了萃取剂种类分别为辛酸、壬酸、癸酸对萃取效率的影响。结果如图5-9（1）所示，当萃取剂为辛酸时，回收率最高。因此，本实验选择辛酸作为萃取剂。

考察了萃取剂体积分别为40μL、50μL、60μL、80μL、100μL、120μL、160μL对萃取效率的影响。结果如图5-9（2）所示，随着萃取剂体积的增加，萃取效率先上升后稳定。当萃取剂体积为80μL时，回收率最高。因此，本实验选择80μL作为萃取剂体积。

考察了碳酸钠用量分别为5mg、15mg、25mg、35mg、40mg、45mg、50mg对萃取效率的影响。碳酸钠调节样品溶液为碱性，使甲萘威水解成1-萘酚，并使疏水的辛酸转化为亲水的辛酸离子。碳酸钠还与柠檬酸反应产生CO_2。结果如图5-9（3）所示，随着碳酸钠用量的增加，萃取效率先上升后稳定。当碳酸钠用量为40mg时，回收率较高。因此，本实验选择40mg作为碳酸钠用量。

考察了质子供体种类分别为柠檬酸、苹果酸、草酸对萃取效率的影响。柠檬酸调节样品溶液为酸性，使亲水的辛酸离子转化为疏水的辛酸。柠檬酸还与碳酸钠反应产生CO_2。结果如图5-9（4）所示，当质子供体种类为柠檬酸时，回收率最高。因此，本实验选择柠檬酸作为质子供体。

考察了质子供体用量分别为10mg、20mg、30mg、40mg、50mg、60mg、70mg、80mg、90mg对萃取效率的影响。结果如图5-9（5）所示，随着质子供体用量的增加，萃取效率先上升后下降。当质子供体用量为70mg时，回收率最高。因此，本实验选择70mg作为质子供体用量。

考察了氯化钠用量分别为0mg、50mg、250mg、500mg、750mg、1000mg、1250mg对萃取效率的影响。结果如图5-9（6）所示，氯化钠用量对萃取效率没有显著影响。因此，本实验不需要添加氯化钠。

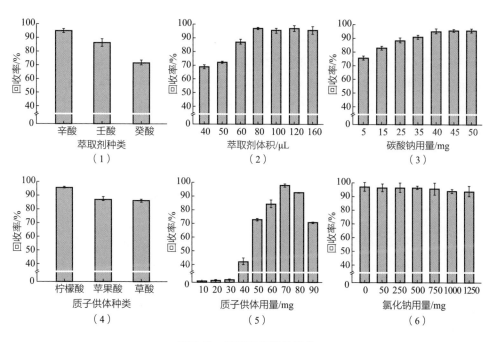

图5-9　前处理条件的优化

2.检测条件的优化

考察了线材质分别为棉线、丝线、尼龙线和腈纶线对强度I的影响。当线材质为丝线、尼龙线、腈纶线时，在干燥处理后，局部出现了红色，对强度I产生干扰。只有棉线始终保持原有的白色，对强度I不产生干扰。因此，本实验选择棉线作为线程微流控平台的材质。

考察了pH分别为1、2、3、4、5、6、7、8、9、10、11、12、13、14对强度I的影响。当pH为13和14时，在干燥处理后，局部出现了黄色，对强度I产生干扰。其余pH对强度影响结果如图5-10（1）所示，当pH为7时，强度I最高。因此，本实验pH为7。

考察了4-甲氧苯重氮四氟硼酸盐溶液浓度从5μmol/L到14mmol/L对强度I的影响。结果如图5-10（2）所示，随着4-甲氧苯重氮四氟硼酸盐溶液浓度的增加，强度I先上升后稳定。当4-甲氧苯重氮四氟硼酸盐溶液浓度为8mmol/L时，强度I较大。因此，本实验选择8mmol/L作为4-甲氧苯重氮四氟硼酸盐溶液浓度。

考察了线程微流控平台保存时间对强度I的影响。结果如图5-10（3）所示，将线程微流控平台在干燥器或者-18℃冰箱保存7d，强度I没有显著变化。因此，本实验建立的线程微流控平台具有良好的稳定性。

考察了萃取剂体积分别为3μL、4μL、5μL、6μL、7μL、8μL对强度I的影响。当萃取剂体积较小时，显色产物在棉线上无法均匀分布。当萃取剂体积大于8μL时，部分萃取剂会溢出棉线。结果如图5-10（4）所示，随着萃取剂体积的增加，强度I先上升后稳定。当萃取剂体积为7μL时，强度I最高（体积为6μL和7μL时差异不显著，体积更大，在棉线上分布地更均匀）。因此，本实验选择7μL作为萃取剂体积。

考察了反应时间分别为0min、5min、10min、15min、20min、25min、30min、35min对强度I的影响。结果如图5-10（5）所示，随着反应时间的增加，强度I先上升后稳定。当反应时间为20min时，强度I较高。因此，本实验选择20min作为反应时间。

3.方法评价

在优化后的提取和检测条件下，对所建立方法的校正曲线、决定系数、检出限、定量限、日内精密度和日间精密度进行了评价。以质量浓度为横坐标，平均峰面积为纵坐标，计算校正曲线如表5-7所示，在0.3~80mg/kg质量浓度范围内决定系数R^2大于0.990。以3倍信噪比计算检出限（LOD）为0.006~0.008mg/kg，以10倍信噪比计算定量限（LOQ）为0.020~0.027mg/kg。进行3次重复实验，日内相对标准偏差为1.7%~4.1%，日间相对标准偏差为1.6%~4.6%，表明该方法具有良好的线性范围、灵敏度和重复性。

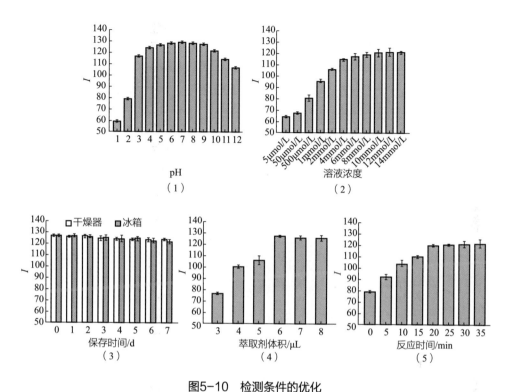

图5-10　检测条件的优化

表5-7　甲萘威在谷物、油料、蔬菜中的校正曲线、检出限、定量限和相对标准偏差

样品	校正曲线	R^2	LOD/ （mg/kg）	LOQ/ （mg/kg）	日内 RSD/ %	日间 RSD/ %
大米	$y = 2.3564x + 65.328$	0.991	0.007	0.023	3.7	3.6
小麦	$y = 2.7549x + 66.273$	0.991	0.006	0.020	3.4	1.6
大豆	$y = 2.0091x + 66.854$	0.995	0.007	0.026	4.1	4.6
白菜	$y = 2.2870x + 64.432$	0.990	0.008	0.026	1.7	2.4

在相同质量浓度下评价了不同氨基甲酸酯类杀虫剂（异丙威、抗蚜威、丙硫克百威、灭多威、速灭威、丁硫克百威、涕灭威）对甲萘威的干扰。只有甲萘威发生了偶联反应，强度 I 显著高于其他氨基甲酸酯类杀虫剂（图5-11）。表明该方法具有良好的选择性。

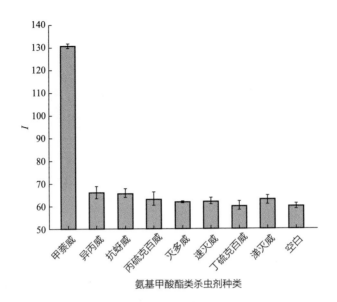

图5-11 不同氨基甲酸酯类杀虫剂的干扰

4. 实际样品分析

为评价方法的准确度和精密度，将优化后的提取和检测方法应用于谷物（大米和小麦）、油料（大豆）和蔬菜（白菜）中氨基甲酸酯类杀虫剂（甲萘威）的残留分析。农药在样品中的含量均低于方法检出限，平均添加回收率在92.3%~105.9%，相对标准偏差（RSD）在0.6%~4.7%（表5-8），表明该方法具有良好的准确度和精密度，可用于谷物、油料、蔬菜中氨基甲酸酯类杀虫剂（甲萘威）的残留分析。

表5-8 测定谷物、油料、蔬菜中的甲萘威

农药	质量浓度 / （mg/kg）	大米		小麦		大豆		白菜	
		回收率 / %	RSD/ %	回收率 / %	RSD/ %	回收率 / %	RSD/ %	回收率 / %	RSD/ %
甲萘威	0	—	—	—	—	—	—	—	—
	1	92.3	3.1	94.1	1.9	105.9	2.3	104.9	2.2
	15	105.4	1.3	104.6	1.6	99.2	2.2	100.4	4.7
	30	98.7	0.6	98.3	3.5	104.8	0.6	99.4	0.6

5.方法比较

将本方法与文献方法在前处理技术、萃取剂及用量、分散剂及用量、制备时间、萃取时间、设备、检测技术、检测时间、回收率和检出限方面进行了比较（表5-9）。本方法只使用了绿色萃取剂辛酸，萃取过程更快，不需要使用分散剂，也不需要使用超声、水浴或涡旋等辅助设备。智能手机相比于其他分析仪器，高通量、便携、低成本、易操作。本方法具有简单、廉价、环境友好的优点。

表5-9 甲萘威的方法比较

前处理技术	萃取剂及用量/μL	分散剂及用量/μL	制备时间/min	萃取时间/min	设备	检测技术	检测时间/min	回收率/%	LOD/（μg/kg）	方法比较
DLLME	氯仿 43	—	5.4	25	超声	GC-FID	17	91~97	0.39	参考文献[110]
DLLME	辛醇 60	乙腈 1000	1	2	超声	HPLC-UV	11	81~109	2	参考文献[111]
DLLME	离子液体 60	乙腈 750	>60	<10	水浴	HPLC-DAD	10	87~99	0.4	参考文献[112]
SME	庚醇 200	四氢呋喃 800	未知	1	涡旋	UPLC-MS/MS	8	94~102	30	参考文献[113]
DLLME	辛酸 80	—	3	<1	—	智能手机-数字图像比色法	20	92~106	6~8	本方法

注：SME为超分子微萃取。

第六章

泡腾片辅助分散液液微萃取技术的应用

第一节
可转化脂肪酸-泡腾片辅助DLLME-固化技术

本节选取可转化脂肪酸（己酸、辛酸和癸酸）作为萃取剂，泡腾片辅助分散，悬浮固化收集萃取剂，建立了一种可转化脂肪酸-泡腾片辅助DLLME-固化技术。采用高效液相色谱-荧光检测器进行定量分析。最终，将该前处理和检测技术应用于水、果汁和功能饮料中农药助剂（双酚A、壬基酚和4-叔辛基苯酚）的残留分析。

一、实验方法

1. 泡腾片的制备

将预先干燥过的辛酸钠（100mg）、柠檬酸（100mg）和碳酸氢钠（40mg）混合均匀放入红外压片机中，在4MPa的压力下保持45s制成泡腾片，放在干燥器中室温保存。

2. 萃取步骤

将5mL样品和泡腾片加入10mL离心管中，90s之内产生大量的二氧化碳气泡，完成泡腾片辅助分散液液微萃取过程，此时农药助剂从样品中转移到萃取剂中。将离心管在3000r/min的转速下离心2min，然后置于冰浴中。待上层萃取剂从液态转化为固态后，收集萃取剂到色谱进样瓶中。可转化脂肪酸-泡腾片辅助DLLME-固化技术的步骤如图6-1所示。

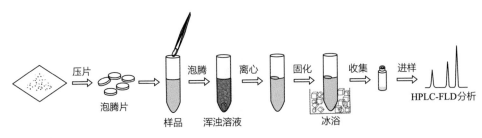

图6-1　可转化脂肪酸-泡腾片辅助DLLME-固化技术的步骤

3.检测步骤

农药助剂（双酚A、壬基酚和4-叔辛基苯酚）的分析采用安捷伦1260高效液相色谱-荧光检测器。进样量为10μL，流动相为甲醇和水（90∶10），流速为0.5mL/min，色谱柱为安捷伦ZORBAX Eclipse Plus C$_{18}$色谱柱（250mm×4.6mm，5μm），柱温为20℃，激发波长为228nm，发射波长为305nm。色谱图如图6-2所示，双酚A（1）、壬基酚（2）和4-叔辛基苯酚（3）的保留时间分别为5.6min、9.8min和12.1min。

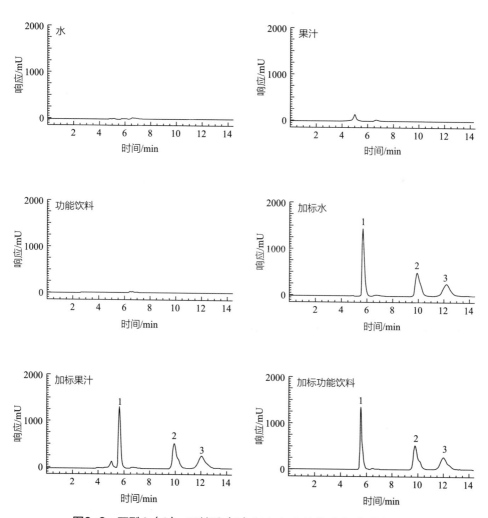

图6-2　双酚A（1）、壬基酚（2）和4-叔辛基苯酚（3）的色谱图

二、结果与讨论

1. 前处理条件的优化

考察了萃取剂前体种类分别为己酸钠、辛酸钠、癸酸钠对萃取效率的影响。结果如图6-3（1）所示，当萃取剂前体为辛酸钠时，回收率最高。因此，本实验选择辛酸钠作为萃取剂前体。

考察了萃取剂前体用量分别为40mg、60mg、80mg、90mg、100mg、120mg、140mg对萃取效率的影响。结果如图6-3（2）所示，随着萃取剂前体用量的增加，萃取效率先上升后稳定。当萃取剂前体用量为100mg时，回收率较高。因此，本实验选择100mg作为萃取剂前体用量。

考察了质子供体种类分别为柠檬酸、苹果酸、酒石酸、磷酸二氢钠对萃取效率的影响。结果如图6-3（3）所示，当质子供体种类为柠檬酸时，回收率最高，并且气泡产生最快。因此，本实验选择柠檬酸作为质子供体。

考察了质子供体用量分别为40mg、60mg、80mg、100mg、120mg、140mg、160mg、180mg对萃取效率的影响。结果如图6-3（4）所示，随着质子供体用量的增加，萃取效率先上升后下降。当质子供体用量为100mg时，回收率最高。因此，本实验选择100mg作为质子供体用量。

考察了碳酸氢钠用量分别为0mg、10mg、20mg、30mg、40mg、50mg、60mg、80mg对萃取效率的影响。结果如图6-3（5）所示，随着碳酸氢钠用量的增加，萃取效率先上升后稳定。当碳酸氢钠用量为40mg时，回收率最高。因此，本实验选择40mg作为碳酸氢钠用量。

考察了氯化钠用量分别为0mg、200mg、400mg、600mg、800mg、1000mg对萃取效率的影响。结果如图6-3（6）所示，氯化钠用量对萃取效率没有显著影响。因此，本实验不需要添加氯化钠。

2. 方法评价

在优化后的提取和检测条件下，对所建立方法的校正曲线、决定系数、检出限、定量限、日内精密度和日间精密度进行了评价。以样品质量浓度为横坐标，平均峰面积为纵坐标，计算校正曲线如表6-1所示，在0.03~3mg/L质量浓度范围内决定系数R^2大于0.998。以3倍信噪比计算检出限（LOD）为0.0002~0.0007mg/L，以10倍信噪比计算定量限（LOQ）为0.0007~0.0025mg/L。进行3次重复实验，日内相对

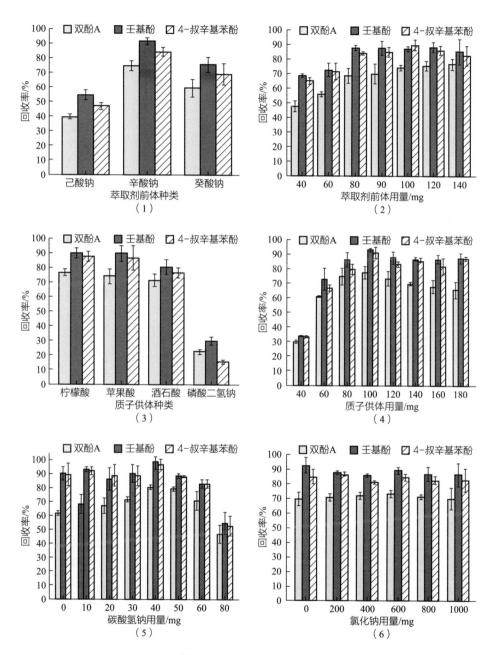

图6-3　前处理条件的优化

标准偏差为1.2%~4.9%，日间相对标准偏差为1.4%~5.8%，表明该方法具有良好的线性范围、灵敏度和重复性。

表6-1　农药助剂在水、果汁和功能饮料中的校正曲线、检出限、定量限和相对标准偏差

农药	样品	校正曲线	R^2	LOD/ (mg/L)	LOQ/ (mg/L)	日内 RSD/ %	日间 RSD/ %
双酚A	水	$y = 6312.0x + 102.12$	0.999	0.0002	0.0007	1.3	4.0
	果汁	$y = 4313.3x + 9.6277$	0.999	0.0005	0.0015	1.3	5.8
	功能饮料	$y = 3475.1x + 54.868$	0.999	0.0007	0.0025	4.1	5.3
壬基酚	水	$y = 6234.6x - 32.185$	0.999	0.0003	0.0009	2.3	3.1
	果汁	$y = 4140.7x - 20.375$	0.999	0.0004	0.0013	1.7	2.8
	功能饮料	$y = 2667.5x - 38.403$	0.998	0.0007	0.0024	1.8	3.5
4-叔辛基苯酚	水	$y = 5754.5x + 126.45$	0.999	0.0002	0.0007	1.2	1.4
	果汁	$y = 4594.5x + 17.583$	0.999	0.0006	0.0019	4.1	3.7
	功能饮料	$y = 3510.2x + 51.244$	0.999	0.0005	0.0018	4.9	2.5

3.实际样品分析

为评价方法的准确度和精密度,将优化后的提取和检测方法应用于水、果汁和功能饮料中农药助剂(双酚A、壬基酚和4-叔辛基苯酚)的残留分析。农药在样品中的含量均低于方法检出限,平均添加回收率在71.7%~98.1%,相对标准偏差(RSD)在0.8%~7.6%(表6-2),表明该方法具有良好的准确度和精密度,可用于水、果汁和功能饮料中农药助剂的残留分析。

表6-2　测定水、果汁和功能饮料中的农药助剂

农药	质量浓度/ (mg/L)	水		果汁		功能饮料	
		回收率/ %	RSD/ %	回收率/ %	RSD/ %	回收率/ %	RSD/ %
双酚A	0	—	—	—	—	—	—
	0.03	75.6	5.5	76.6	7.5	82.5	3.3
	0.3	71.8	6.3	72.7	3.8	72.4	1.6
	3	75.3	0.8	71.7	0.9	73.5	1.1

续表

农药	质量浓度 / （mg/L）	水		果汁		功能饮料	
		回收率 / %	RSD/ %	回收率 / %	RSD/ %	回收率 / %	RSD/ %
壬基酚	0	—	—	—	—	—	—
	0.03	83.4	7.3	76.3	5.0	84.4	7.6
	0.3	85.7	4.4	84.1	2.5	98.1	4.1
	3	87.3	0.9	80.2	2.2	88.1	3.6
4- 叔辛基苯酚	0	—	—	—	—	—	—
	0.03	81.3	6.9	85.3	3.4	88.4	6.8
	0.3	92.2	6.0	77.1	3.1	94.9	6.5
	3	82.1	3.1	76.2	0.9	92.9	1.0

4.方法比较

将本方法与文献方法在前处理技术、萃取剂及用量、萃取时间、检测技术、回收率和检出限方面进行了比较（表6-3）。本方法只使用了小体积的绿色萃取剂辛酸钠。萃取过程更快，不需要使用涡旋、超声或通气等辅助设备。本方法具有快速、高效、环境友好的优点。

表6-3　农药助剂的方法比较

前处理技术	萃取剂及用量 /μL	萃取时间 /min	检测技术	回收率 / %	LOD/ （μg/L）	方法比较
CPE	表面活性剂 160 辛醇 100	15	HPLC-DAD	92.6~ 103.1	0.29	参考文献 [115]
DLLME	十一醇 10 乙腈 200	1	HPLC-FLD	84.7~ 103.3	0.02~ 0.03	参考文献 [116]
DLLME	离子液体 115 乙腈 1200	8	HPLC-UV	86.9~ 106.9	0.12~ 0.22	参考文献 [117]

续表

前处理技术	萃取剂及用量 /μL	萃取时间 /min	检测技术	回收率 /%	LOD/ (μg/L)	方法比较
DLLME	辛醇 90	0.67	HPLC-DAD	98.0~105.0	0.2	参考文献[118]
HLLME	二甲基环己胺 782	2	HPLC-UV	79.5~103.4	0.17~0.30	参考文献[119]
DLLME	低共熔溶剂 2000	13	HPLC-DAD	87.9~106.6	0.22~0.53	参考文献[106]
DLLME	辛酸 95	1.5	HPLC-FLD	71.7~98.1	0.2~0.7	本方法

第二节
可转化低共熔溶剂-泡腾片辅助DLLME-固化技术

本节选取可转化脂肪酸（麝香草酚-辛酸、麝香草酚-壬酸和麝香草酚-癸酸）作为萃取剂，泡腾片辅助分散，悬浮固化收集萃取剂，建立了一种可转化低共熔溶剂-泡腾片辅助DLLME-固化技术。采用高效液相色谱-二极管阵列检测器进行定量分析。最终，将该前处理和检测技术应用于水、果汁、葡萄酒和食醋中甲氧基丙烯酸酯类杀菌剂（吡唑醚菌酯、啶氧菌酯和肟菌酯）的残留分析。

一、实验方法

1.低共熔溶剂的制备
将麝香草酚和辛酸按照1∶5的摩尔比加入10mL玻璃离心管中，在70℃的温度下恒温搅拌直至形成均一澄清的液体，制得低共熔溶剂。

2. 泡腾片的制备

将预先干燥过的柠檬酸（80mg）和碳酸氢钠（10mg）混合均匀放入红外压片机中，在8MPa的压力下保持45s制成泡腾片，放在干燥器中室温保存。

3. 萃取步骤

将5mL样品和120μL低共熔溶剂（萃取剂）加入10mL离心管中。将50μL氨水（5mol/L）加入样品溶液，低共熔溶剂从分子形式转化为离子形式。再将泡腾片加入样品溶液，萃取剂癸酸原位生成，并产生大量的二氧化碳气泡，完成泡腾片辅助分散液液微萃取过程，此时甲氧基丙烯酸酯类杀菌剂从样品中转移到萃取剂中。将离心管在4000r/min的转速下离心5min，然后置于冰浴中。待上层萃取剂从液态转化为固态后，收集萃取剂到色谱进样瓶中。可转化低共熔溶剂-泡腾片辅助DLLME-固化技术的步骤如图6-4所示。

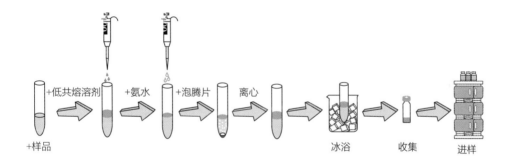

图6-4　可转化低共熔溶剂-泡腾片辅助DLLME-固化技术的步骤

4. 检测步骤

甲氧基丙烯酸酯类杀菌剂（吡唑醚菌酯、啶氧菌酯和肟菌酯）的分析采用安捷伦1260高效液相色谱-二极管阵列检测器。进样量为20μL，流动相为乙腈和水（70∶30），流速为0.5mL/min，色谱柱为安捷伦ZORBAX SB-C_{18}色谱柱（150mm×4.6mm，5μm），柱温为20℃，检测波长分别为245nm、275nm和251nm。色谱图如图6-5所示，吡唑醚菌酯（1）、啶氧菌酯（2）和肟菌酯（3）的保留时间分别为8.7min、10.8min和13.0min。

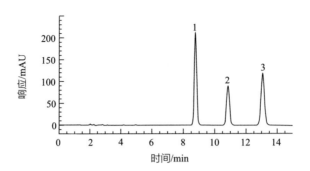

图6-5　吡唑醚菌酯（1）、啶氧菌酯（2）和肟菌酯（3）的色谱图

二、结果与讨论

1.前处理条件的优化

考察了低共熔溶剂种类分别为麝香草酚-辛酸、麝香草酚-壬酸、麝香草酚-癸酸对萃取效率的影响。结果如图6-6（1）所示，当低共熔溶剂为麝香草酚-辛酸时，回收率最高，且固化最快。因此，本实验选择麝香草酚-辛酸作为低共熔溶剂。

考察了低共熔溶剂摩尔比分别为1：6、1：5、1：4、1：3、1：2、1：1、2：1、3：1、4：1对萃取效率的影响。结果如图6-6（2）所示，当摩尔比为1：5时，回收率最高。因此，本实验选择1：5作为低共熔溶剂摩尔比。

考察了萃取剂体积分别为100μL、110μL、120μL、130μL、140μL、150μL对萃取效率的影响。结果如图6-6（3）所示，随着萃取剂体积的增加，萃取效率先上升后稳定。当萃取剂体积为120μL时，回收率最高。因此，本实验选择120μL作为萃取剂体积。

考察了氨水浓度分别为0mol/mL、1mol/mL、3mol/mL、5mol/mL、7mol/mL、10mol/mL对萃取效率的影响。结果如图6-6（4）所示，随着氨水浓度的增加，萃取效率先上升后下降。当氨水浓度为5mol/mL时，回收率最高。因此，本实验选择5mol/mL作为氨水浓度。

考察了碳酸氢钠用量分别为0mg、1mg、5mg、10mg、20mg、30mg、50mg、80mg对萃取效率的影响。结果如图6-6（5）所示，随着碳酸氢钠用量的增加，萃取效率先上升后下降。当碳酸氢钠用量为10mg时，回收率最高。因此，本实验选择10mg作为碳酸氢钠用量。

　　考察了柠檬酸用量分别为0mg、20mg、40mg、60mg、80mg、100mg、120mg对萃取效率的影响。结果如图6-6（6）所示，随着柠檬酸用量的增加，萃取效率先上升后下降。当柠檬酸用量为80mg时，回收率最高。因此，本实验选择80mg作为柠檬酸用量。

　　考察了样品体积分别为2mL、3mL、4mL、5mL、6mL、7mL、8mL对萃取效率的影响。结果如图6-6（7）所示，随着样品体积的增加，萃取效率先稳定后下降。回收率较高时，优选较大的样品体积。因此，本实验选择5mL作为样品体积。

　　考察了氯化钠用量分别为0mg、100mg、200mg、400mg、600mg、1000mg对萃取效率的影响。结果如图6-6（8）所示，随着氯化钠用量的增加，萃取效率逐渐下降。因此，本实验不需要添加氯化钠。

　　考察了pH分别为3、4、5、6、7、8、9、10、11对萃取效率的影响。结果如图6-6（9）所示，不同pH下的回收率都较高。因此，本实验不需要调节pH。

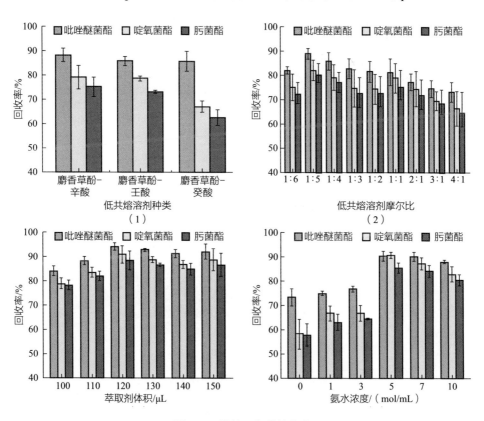

图6-6　前处理条件的优化

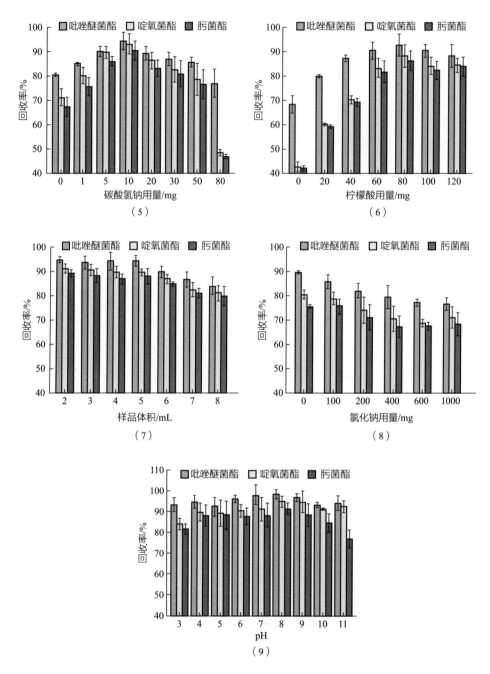

图6-6　前处理条件的优化（续）

2.方法评价

在优化后的提取和检测条件下，对所建立方法的校正曲线、决定系数、检出限、定量限、日内精密度和日间精密度进行了评价。以样品质量浓度为横坐标，平均峰面积为纵坐标，计算校正曲线如表6-4所示，在0.1~1mg/L质量浓度范围内决定系数R^2大于0.999。以3倍信噪比计算检出限（LOD）为0.00015~0.00038mg/L，以10倍信噪比计算定量限（LOQ）为0.00049~0.00125mg/L。进行3次重复实验，日内相对标准偏差为1.0%~5.2%，日间相对标准偏差为2.7%~8.6%。表明该方法具有良好的线性范围、灵敏度和重复性。

表6-4　甲氧基丙烯酸酯类杀菌剂在水、果汁、葡萄酒和食醋中的
校正曲线、检出限、定量限和相对标准偏差

农药	样品	校正曲线	R^2	LOD/（mg/L）	LOQ/（mg/L）	日内 RSD/%	日间 RSD/%
吡唑醚菌酯	水	$y = 81.01x - 203.960$	0.999	0.00031	0.00105	5.2	7.6
	果汁	$y = 75.87x - 452.660$	0.999	0.00038	0.00125	4.9	7.5
	葡萄酒	$y = 75.26x - 168.760$	0.999	0.00033	0.00112	2.8	8.6
	食醋	$y = 78.01x - 232.840$	0.999	0.00035	0.00115	2.3	3.3
啶氧菌酯	水	$y = 152.17x - 82.607$	0.999	0.00015	0.00049	3.8	5.4
	果汁	$y = 153.80x - 461.250$	0.999	0.00015	0.00051	4.2	6.5
	葡萄酒	$y = 142.30x - 236.490$	0.999	0.00017	0.00056	2.0	6.8
	食醋	$y = 156.66x - 233.950$	0.999	0.00016	0.00052	1.0	2.7
肟菌酯	水	$y = 98.02x - 91.283$	0.999	0.00024	0.00079	4.5	6.3
	果汁	$y = 98.37x - 222.330$	0.999	0.00023	0.00076	4.3	7.6
	葡萄酒	$y = 90.81x - 128.390$	0.999	0.00026	0.00085	3.6	7.3
	食醋	$y = 99.74x - 109.760$	0.999	0.00024	0.00081	1.4	2.9

3. 实际样品分析

为评价方法的准确度和精密度，将优化后的提取和检测方法应用于水、果汁、葡萄酒和食醋中甲氧基丙烯酸酯类杀菌剂（吡唑醚菌酯、啶氧菌酯和肟菌酯）的残留分析。农药在样品中的含量均低于方法检出限，平均添加回收率在77.4%~106.9%，相对标准偏差（RSD）在0.2%~6.8%（表6-5），表明该方法具有良好的准确度和精密度，可用于水、果汁、葡萄酒和食醋中甲氧基丙烯酸酯类杀菌剂的残留分析。

表6-5   测定水、果汁、葡萄酒和食醋中的甲氧基丙烯酸酯类杀菌剂

农药	质量浓度 / （mg/L）	水		果汁		葡萄酒		食醋	
		回收率 /%	RSD/%	回收率 /%	RSD/%	回收率 /%	RSD/%	回收率 /%	RSD/%
吡唑醚菌酯	0	—	—	—	—	—	—	—	—
	0.002	79.2	3.6	85.5	3.3	88.2	3.6	83.2	3.0
	0.1	80.1	5.5	86.2	6.7	87.5	6.8	77.4	4.7
	1	101.7	6.6	88.0	0.2	92.2	0.2	88.4	5.7
啶氧菌酯	0	—	—	—	—	—	—	—	—
	0.002	93.9	4.3	93.3	2.4	91.5	1.5	91.2	4.7
	0.1	97.5	1.5	95.7	3.6	93.3	2.6	100.1	5.9
	1	106.9	2.2	101.2	1.5	96.4	2.0	96.4	4.5
肟菌酯	0	—	—	—	—	—	—	—	—
	0.002	90.0	4.9	88.7	3.1	89.3	3.0	87.2	5.1
	0.1	96.4	2.6	94.3	0.8	92.6	2.4	102.9	5.2
	1	105.6	2.1	100.4	0.6	95.6	2.0	94.8	4.1

4. 方法比较

将本方法与文献方法在前处理技术、萃取剂及用量、萃取时间、检测技术、回收率和检出限方面进行了比较（表6-6）。本方法使用了绿色萃取剂低共熔溶剂。

萃取过程更快，不需要使用乙腈或甲醇等分散剂和吐温80等乳化剂，也不需要使用文献方法中的搅拌、超声或涡旋等辅助设备。本方法具有简单、高效、环境友好的优点。

表6-6　甲氧基丙烯酸酯类杀菌剂的方法比较

前处理技术	萃取剂及用量/μL	萃取时间/min	检测技术	回收率/%	LOD/（μg/L）	方法比较
SDME	十二醇 20	90	HPLC-DAD	83.0~91.0	1.14~11.06	参考文献[120]
EME	十二醇 30 吐温 80 103	1	HPLC-DAD	82.6~112.9	0.5	参考文献[121]
EME	十一醇 30 吐温 80 75	1	HPLC-VWD	82.6~97.5	2~4	参考文献[122]
DLLME	离子液体 30 乙腈 300	1.25	HPLC-UV	94.0~109.0	0.03	参考文献[93]
DLLME	十二醇 50 甲醇 200	2	HPLC-DAD	70.1~102.5	0.02~0.2	参考文献[123]
DLLME	低共熔溶剂 120	< 0.5	HPLC-DAD	77.4~106.9	0.15~0.38	本方法

注：EME 为乳化微萃取。

第七章

磁泡腾片辅助分散液液微萃取技术的应用

第一节
可转化脂肪酸-磁泡腾片辅助DLLME技术

本节选取可转化脂肪酸（己酸、辛酸和癸酸）作为萃取剂，磁泡腾片辅助分散，建立了一种可转化脂肪酸-磁泡腾片辅助DLLME技术。采用高效液相色谱-二极管阵列检测器进行定量分析。最终，将该前处理和检测技术应用于井水、池塘水和河水中三嗪类除草剂（西玛津、莠去津和特丁津）的残留分析。

一、实验方法

1. 磁泡腾片的制备

将预先干燥过的己酸钠（30mg）、柠檬酸（100mg）、碳酸氢钠（75mg）、四氧化三铁（20mg）和氯化钠（1000mg）混合均匀放入红外压片机中，在6MPa的压力下保持40s制成磁泡腾片，放在干燥器中室温保存。

2. 萃取步骤

将5mL样品和磁泡腾片加入10mL离心管中，萃取剂己酸原位生成，5min之内产生大量的二氧化碳气泡，完成磁泡腾片辅助分散液液微萃取过程，此时三嗪类除草剂从样品中转移到萃取剂中。在磁铁的帮助下收集四氧化三铁，加入200μL乙腈洗脱四氧化三铁上的萃取剂，通过0.22μm的滤膜到色谱进样瓶中。可转化脂肪酸-磁泡腾片辅助DLLME技术的步骤如图7-1所示。

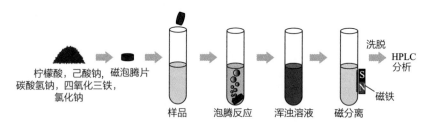

图7-1　可转化脂肪酸-磁泡腾片辅助DLLME技术的步骤

3. 检测步骤

三嗪类除草剂（西玛津、莠去津和特丁津）的分析采用安捷伦1260高效液相色谱-二极管阵列检测器。进样量为20μL，流动相为乙腈和水（60∶40），流速为0.5mL/min，色谱柱为安捷伦ZORBAX SB-C$_{18}$色谱柱（150mm×4.6mm，5μm），柱温为20℃，检测波长为220nm。色谱图如图7-2所示，西玛津（1）、莠去津（2）和特丁津（3）的保留时间分别为4.8min、6.1min和8.4min。

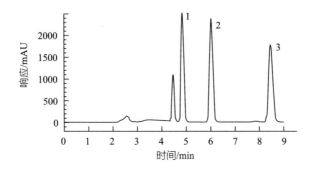

图7-2　西玛津（1）、莠去津（2）和特丁津（3）的色谱图

二、结果与讨论

1.前处理条件的优化

考察了萃取剂前体种类分别为己酸钠、辛酸钠、癸酸钠对萃取效率的影响。结果如图7-3（1）所示，当萃取剂前体为己酸钠时，峰面积最大。因此，本实验选择己酸钠作为萃取剂前体。

考察了萃取剂前体用量分别为0mg、10mg、20mg、30mg、40mg、50mg、60mg对萃取效率的影响。当萃取剂前体用量较大时，萃取剂不能被四氧化三铁完全收集。结果如图7-3（2）所示，随着萃取剂前体用量的增加，萃取效率先上升后下降。当萃取剂前体用量为30mg时，峰面积最大。因此，本实验选择30mg作为萃取剂前体用量。

考察了质子供体种类分别为柠檬酸、草酸、磷酸二氢钠对萃取效率的影响。结果如图7-3（3）所示，当质子供体种类为柠檬酸时，峰面积最大。因此，本实验选择柠檬酸作为质子供体。

考察了质子供体用量分别为0mg、25mg、50mg、75mg、100mg、125、150mg、175mg、200mg对萃取效率的影响。结果如图7-3（4）所示，随着质子供体用量的增加，萃取效率先上升后稳定。当质子供体用量为100mg时，峰面积均较大。因此，本实验选择100mg作为质子供体用量。

考察了四氧化三铁用量分别为2.5mg、5mg、10mg、15mg、20mg、25mg、30mg、35mg对萃取效率的影响。由于疏水相互作用，四氧化三铁与含有目标物的萃取剂相结合。结果如图7-3（5）所示，随着四氧化三铁用量的增加，萃取效率先上升后稳定。当四氧化三铁用量为20mg时，峰面积均较大。因此，本实验选择20mg作为四氧化三铁用量。

考察了碳酸氢钠用量分别为0mg、5mg、10mg、25mg、50mg、75mg、100mg、200mg对萃取效率的影响。结果如图7-3（6）所示，随着碳酸氢钠用量的增加，萃取效率先上升后下降。当碳酸氢钠用量为75mg时，峰面积最大。因此，本实验选择75mg作为碳酸氢钠用量。

考察了氯化钠用量分别为0mg、250mg、500mg、750mg、1000mg、1250mg、1500mg对萃取效率的影响。结果如图7-3（7）所示，随着氯化钠用量的增加，萃取效率先上

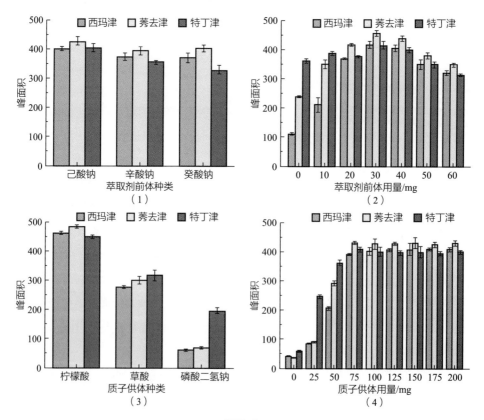

图7-3

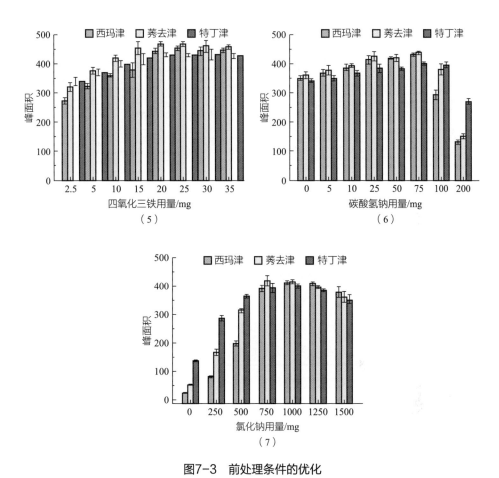

图7-3　前处理条件的优化

升后下降。当氯化钠用量为1000mg时，峰面积均较大。因此，本实验选择1000mg作为氯化钠用量。

2. 方法评价

在优化后的提取和检测条件下，对所建立方法的校正曲线、决定系数、检出限、定量限、日内精密度和日间精密度进行了评价。以样品质量浓度为横坐标，平均峰面积为纵坐标，计算校正曲线如表7-1所示，在0.05~5mg/L质量浓度范围内决定系数R^2大于0.997。以3倍信噪比计算检出限（LOD）为0.00010~0.00013mg/L，以10倍信噪比计算定量限（LOQ）为0.00034~0.00045mg/L。进行3次重复实验，日内相对标准偏差为0.8%~4.1%，日间相对标准偏差2.3%~7.6%，表明该方法具有良好的线性范围、灵敏度和重复性。

表7-1   三嗪类除草剂在井水、池塘水和河水中的校正曲线、
检出限、定量限和相对标准偏差

农药	样品	校正曲线	R^2	LOD/ (mg/L)	LOQ/ (mg/L)	日内 RSD/ %	日间 RSD/ %
	井水	$y = 4892.1x + 94.425$	0.998	0.00013	0.00044	1.8	2.3
西玛津	池塘水	$y = 5202.6x + 72.374$	0.999	0.00011	0.00038	4.1	4.6
	河水	$y = 5118.9x + 104.67$	0.997	0.00011	0.00036	0.8	3.0
	井水	$y = 5110.0x + 98.892$	0.998	0.00012	0.00041	2.4	7.2
莠去津	池塘水	$y = 5800.1x - 57.891$	0.999	0.00010	0.00034	2.7	5.0
	河水	$y = 5504.4x + 103.47$	0.999	0.00011	0.00035	3.7	3.4
	井水	$y = 4882.5x - 8.6963$	0.999	0.00013	0.00045	4.0	7.6
特丁津	池塘水	$y = 5195.3x - 94.213$	0.999	0.00012	0.00041	3.1	5.5
	河水	$y = 5328.3x - 67.985$	0.999	0.00011	0.00038	2.2	3.4

3.实际样品分析

为评价方法的准确度和精密度，将优化后的提取和检测方法应用于井水、池塘水和河水中三嗪类除草剂（西玛津、莠去津和特丁津）的残留分析。农药在样品中的含量均低于方法检出限，平均添加回收率在81.4%~96.7%，相对标准偏差（RSD）在1.1%~7.1%（表7-2），表明该方法具有良好的准确度和精密度，可用于井水、池塘水和河水中三嗪类除草剂的残留分析。

表7-2   测定井水、池塘水和河水中的三嗪类除草剂

农药	质量浓度 / (mg/L)	井水		池塘水		河水	
		回收率 / %	RSD/ %	回收率 / %	RSD/ %	回收率 / %	RSD/ %
	0	—	—	—	—	—	—
西玛津	0.05	82.7	4.9	82.9	6.4	83.3	7.1
	0.5	81.4	2.7	83.1	1.1	86.4	3.2

续表

农药	质量浓度 /（mg/L）	井水		池塘水		河水	
		回收率 /%	RSD/%	回收率 /%	RSD/%	回收率 /%	RSD/%
莠去津	0	—	—	—	—	—	—
	0.05	81.5	2.6	95.4	4.1	93.5	3.4
	0.5	82.8	4.6	82.5	1.9	82.7	2.2
特丁津	0	—	—	—	—	—	—
	0.05	84.3	6.0	96.7	5.4	92.5	6.9
	0.5	87.2	5.1	84.5	1.9	85.2	2.8

4. 方法比较

将本方法与文献方法在前处理技术、萃取剂及用量、检测技术、回收率和检出限方面进行了比较（表7-3）。本方法只使用了小体积的绿色萃取剂己酸。萃取过程更快，不需要使用文献方法中的水浴、搅拌、微波、超声、蠕动泵或涡旋等辅助设备。本方法具有简单、高效、环境友好的优点。

表7-3　三嗪类除草剂的方法比较

前处理技术	萃取剂及用量 /μL	检测技术	回收率 /%	LOD/（μg/L）	方法比较
CPE	曲拉通 X-100 2500	HPLC-UV	71~87	6.8~11.0	参考文献[125]
DLLME	辛醇 300	HPLC-DAD	81~102	0.06~0.37	参考文献[126]
DLLME	离子液体 60	HPLC-UV	94~100	1.16~1.38	参考文献[98]
DLLME	离子液体 125	HPLC-UV	81~103	0.5~0.9	参考文献[127]
CFME	氯苯 30	HPLC-UV	91~99	1	参考文献[100]
DLLME	低共熔溶剂 50	HPLC-UV	97~107	0.05	参考文献[128]
DLLME	己酸 27	HPLC-DAD	81~97	0.10~0.13	本方法

注：CPE 为浊点萃取；CFME 为连续样品液滴流动微萃取。

第二节
低共熔溶剂-磁泡腾片辅助DLLME技术

本节选取低共熔溶剂（己基三甲基溴化铵-癸醇、己基三甲基溴化铵-十一醇和己基三甲基溴化铵-十二醇）作为萃取剂，磁泡腾片辅助分散，悬浮固化收集萃取剂，建立了一种脂肪醇-磁泡腾片辅助DLLME技术。采用高效液相色谱-荧光检测器进行定量分析。最终，将该前处理和检测技术应用于井水、河水和海水中农药助剂（双酚A、辛基酚和壬基酚）的残留分析。

一、实验方法

1.低共熔溶剂的制备

将己基三甲基溴化铵和十二醇按照1∶3的摩尔比加入10mL玻璃离心管中，在90℃的温度下恒温搅拌直至形成均一澄清的液体，制得低共熔溶剂。

2.四氧化三铁@多孔活性炭的制备

四氧化三铁@多孔活性炭的制备采用物理共混法。尽管物理方法制备的磁性材料的稳定性不如化学方法制备的磁性材料，但物理方法比化学方法更加简便。将四氧化三铁和多孔活性炭加入研钵中搅拌和研磨，多孔活性炭通过聚集效应附在四氧化三铁上，制成四氧化三铁@多孔活性炭。

3.磁泡腾片的制备

将预先干燥过的柠檬酸（60mg）、碳酸氢钠（30mg）和磁性四氧化三铁@多孔活性炭（15mg）混合均匀放入红外压片机中，在8MPa的压力下保持30s制成泡腾片，放在干燥器中室温保存。

4.萃取步骤

依次将30μL低共熔溶剂（萃取剂）和5mL样品加入10mL离心管中，低共熔溶剂中的己基三甲基溴化铵溶液使十二醇均匀分散在样品溶液中。再将磁泡腾片加入样品溶液，30s之内产生大量的二氧化碳气泡，完成磁泡腾片辅助分散液液微萃取过程，此时农药助剂从样品中转移到萃取剂中。在磁铁的帮助下收集四氧化三铁@多孔活性炭，加入200μL乙腈洗脱四氧化三铁@多孔活性炭上的十二醇，通过0.22μm的滤膜到色谱进样瓶中。

5. 检测步骤

农药助剂（双酚A、辛基酚和壬基酚）的分析采用安捷伦1260高效液相色谱-荧光检测器。进样量为20μL，流动相为甲醇和水（95∶5），流速为0.5mL/min，色谱柱为安捷伦ZORBAX Eclipse Plus C$_{18}$色谱柱（150mm×4.6mm，5μm），柱温为20℃，激发波长为228nm，检测波长为305nm。

二、结果与讨论

1. 前处理条件的优化

考察了低共熔溶剂种类分别为己基三甲基溴化铵-癸醇、己基三甲基溴化铵-十一醇、己基三甲基溴化铵-十二醇对萃取效率的影响。结果如图7-4（1）所示，当低共熔溶剂为己基三甲基溴化铵-十二醇时，回收率最高。因此，本实验选择己基三甲基溴化铵-十二醇作为低共熔溶剂。

考察了低共熔溶剂摩尔比分别为1∶2、1∶3、1∶4、1∶5、1∶6对萃取效率的影响。结果如图7-4（2）所示，当摩尔比为1∶3时，回收率最高。因此，本实验选择1∶3作为低共熔溶剂摩尔比。

考察了萃取剂体积分别为0μL、10μL、20μL、30μL、40μL、50μL、60μL、80μL、100μL对萃取效率的影响。结果如图7-4（3）所示，随着萃取剂体积的增加，萃取效率先上升后下降。当萃取剂体积为30μL时，回收率最高。因此，本实验选择30μL作为萃取剂体积。

考察了质子供体种类分别为柠檬酸、苹果酸、酒石酸、磷酸、草酸对萃取效率的影响。结果如图7-4（4）所示，当质子供体种类为柠檬酸时，回收率最高。因此，本实验选择柠檬酸作为质子供体。

考察了质子供体用量分别为0mg、20mg、40mg、60mg、80mg、100mg、120mg、150mg对萃取效率的影响。结果如图7-4（5）所示，随着质子供体用量的增加，萃取效率先上升后下降。当质子供体用量为60mg时，回收率最高。因此，本实验选择60mg作为质子供体用量。

考察了碳酸氢钠用量分别为0mg、10mg、20mg、30mg、40mg、50mg、60mg、80mg、100mg和120mg对萃取效率的影响。结果如图7-4（6）所示，随着碳酸氢钠用量的增加，萃取效率先上升后下降。当碳酸氢钠用量为30mg时，回收率最高。

因此，本实验选择30mg作为碳酸氢钠用量。

考察了多孔活性炭与四氧化三铁质量比分别为1∶1、1∶3、1∶5、1∶8、1∶15、1∶30、1∶50对萃取效率的影响。结果如图7-4（7）所示，当质量比为1∶8时，回收率最高。因此，本实验选择1∶8作为多孔活性炭与四氧化三铁质量比。

考察了四氧化三铁@多孔活性炭用量分别为1mg、5mg、10mg、15mg、20mg、30mg、40mg对萃取效率的影响。结果如图7-4（8）所示，随着四氧化三铁@多孔活性炭用量的增加，萃取效率先上升后下降。当四氧化三铁@多孔活性炭用量为15mg时，回收率最高。因此，本实验选择15mg作为四氧化三铁@多孔活性炭用量。

考察了pH分别为3、4、5、6、7、8、9、10对萃取效率的影响。结果表明，pH对萃取效率没有显著影响。因此，本实验不需要调节pH。

考察了氯化钠用量分别为0mg、300mg、600mg、1000mg、1500mg对萃取效率的影响。结果如图7-4（9）所示，随着氯化钠用量的增加，萃取效率逐渐下降。因此，本实验不需要添加氯化钠。

2. 方法评价

在优化后的提取和检测条件下，对所建立方法的校正曲线、决定系数、检出限、定量限、日内精密度和日间精密度进行了评价。以样品质量浓度为横坐标，平均峰面积为纵坐标，计算校正曲线如表7-4所示，在0.01~1mg/L质量浓度范围内决定系数R^2大于0.999。以3倍信噪比计算检出限（LOD）为0.0008~0.0017mg/L，以10倍信噪比计算定量限（LOQ）为0.0027~0.0055mg/L。进行3次重复实验，日内相对标准偏差为1.2%~4.4%，日间相对标准偏差为2.6%~6.0%，表明该方法具有良好的线性范围、灵敏度和重复性。

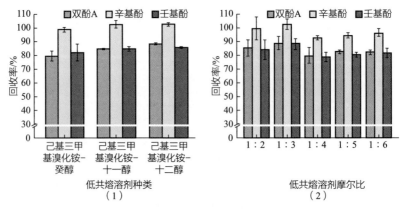

图7-4

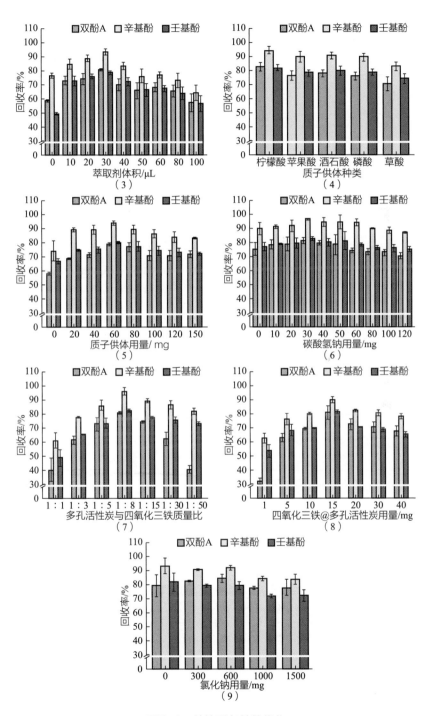

图7-4　前处理条件的优化

表7-4　拟除虫菊酯类杀虫剂在食用菌中的校正曲线、检出限、定量限和相对标准偏差

农药	样品	校正曲线	R^2	LOD/ (mg/L)	LOQ/ (mg/L)	日内 RSD/ %	日间 RSD/ %
双酚A	井水	$y = 19.295x - 30.496$	0.999	0.0012	0.0042	2.5	4.2
	河水	$y = 12.133x + 19.646$	0.999	0.0015	0.0049	2.1	4.7
	海水	$y = 23.296x + 18.527$	0.999	0.0008	0.0027	2.9	4.9
辛基酚	井水	$y = 19.218x - 27.012$	0.999	0.0012	0.0040	3.1	2.6
	河水	$y = 13.208x + 16.606$	0.999	0.0017	0.0055	4.1	4.2
	海水	$y = 23.448x + 24.111$	0.999	0.0009	0.0028	4.4	5.0
壬基酚	井水	$y = 20.875x - 40.420$	0.999	0.0011	0.0038	1.9	6.0
	河水	$y = 14.010x - 22.125$	0.999	0.0016	0.0053	1.2	4.0
	海水	$y = 25.465x - 20.550$	0.999	0.0009	0.0029	1.9	4.1

3. 实际样品分析

为评价方法的准确度和精密度，将优化后的提取和检测方法应用于井水、河水和海水中农药助剂（双酚A、辛基酚和壬基酚）的残留分析。农药在样品中的含量均低于方法检出限，平均添加回收率在81.0%~94.7%，相对标准偏差（RSD）在1.2%~6.7%（表7-5），表明该方法具有良好的准确度和精密度，可用于井水、河水和海水中农药助剂的残留分析。

表7-5　测定井水、河水和海水中的农药助剂

农药	质量浓度/ (mg/L)	井水		河水		海水	
		回收率/ %	RSD/ %	回收率/ %	RSD/ %	回收率/ %	RSD/ %
双酚A	0	—	—	—	—	—	—
	0.01	83.2	3.1	85.0	6.7	88.6	3.0
	0.1	81.0	4.6	81.3	3.7	92.0	2.8
	1	89.0	5.0	82.6	2.2	89.7	1.9

续表

农药	质量浓度 /（mg/L）	井水		河水		海水	
		回收率 /%	RSD/%	回收率 /%	RSD/%	回收率 /%	RSD/%
辛基酚	0	—	—	—	—	—	—
	0.01	85.3	3.6	84.9	6.6	88.5	4.0
	0.1	83.7	4.0	81.5	4.3	87.3	3.4
	1	89.3	4.4	81.0	1.2	85.8	1.7
壬基酚	0	—	—	—	—	—	—
	0.01	92.0	2.3	94.6	4.5	93.6	5.2
	0.1	87.6	2.5	86.5	3.8	94.7	3.3
	1	94.5	5.3	84.3	1.5	91.5	4.2

第八章

均相液液微萃取
技术的应用

第一节
低共熔溶剂-pH诱导HLLME-固化技术

　　本节选取低共熔溶剂（四甲氧基苯酚-1-氨基-2-丙醇、四甲氧基苯酚-2-氨基-1-丙醇和四甲氧基苯酚-3-氨基-1-丙醇）作为萃取剂，改变pH诱导分相，固化收集萃取剂，建立了一种低共熔溶剂-pH诱导HLLME-固化技术。采用高效液相色谱-二极管阵列检测器进行定量分析。最终，将该前处理和检测技术应用于水、果汁和发酵酒中三唑类杀菌剂（氯氟醚菌唑）的残留分析（HLLME为均相液液微萃取）。

一、实验方法

1.低共熔溶剂的制备
　　将对甲氧基苯酚和3-氨基-1-丙醇按照1∶1的摩尔比加入10mL玻璃离心管中，在70℃的温度下恒温搅拌直至形成均一澄清的液体，制得低共熔溶剂。

2.萃取步骤
　　将5mL样品、600mg氯化钠、200μL低共熔溶剂（萃取剂）加入10mL离心管中，溶液不分相。加入200μL丙酸将溶液调成酸性，对甲氧基苯酚原位生成，溶液分相，完成pH诱导均相液液微萃取过程，此时甲氧基丙烯酸酯类杀菌剂从样品中转移到四甲氧基苯酚中。将离心管在1370g的离心力下离心3min，待下层对甲氧基苯酚从液态转化为固态后，收集萃取剂到色谱进样瓶中。低共熔溶剂-pH诱导HLLME-固化技术的步骤如图8-1所示。

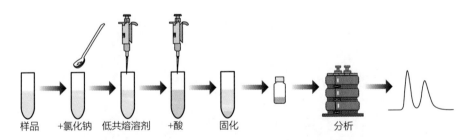

样品　　+氯化钠　　低共熔溶剂　　+酸　　固化　　　　　　分析

图8-1　低共熔溶剂-pH诱导HLLME-固化技术的步骤

3. 检测步骤

三唑类杀菌剂（氯氟醚菌唑）的分析采用安捷伦1260高效液相色谱-二极管阵列检测器。进样量为20μL，流动相为甲醇和水（71∶29），流速为0.8mL/min，色谱柱为大赛璐CHIRALCEL® OD-H手性色谱柱（250mm×4.6mm，5μm），柱温为20℃，检测波长为230nm。色谱图如图8-2所示，S-氯氟醚菌唑（1）和R-氯氟醚菌唑（2）的保留时间分别为38.0min和41.2min。

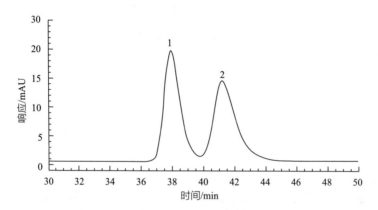

图8-2　S-氯氟醚菌唑（1）和R-氯氟醚菌唑（2）的色谱图

二、结果与讨论

1. 前处理条件的优化

考察了低共熔溶剂种类分别为四甲氧基苯酚-1-氨基-2-丙醇、四甲氧基苯酚-2-氨基-1-丙醇和四甲氧基苯酚-3-氨基-1-丙醇对萃取效率的影响。结果如图8-3（1）所示，当萃取剂为四甲氧基苯酚-3-氨基-1-丙醇时，峰面积最大。因此，本实验选择四甲氧基苯酚-3-氨基-1-丙醇作为低共熔溶剂。

考察了萃取剂体积分别为175μL、200μL、250μL、300μL、400μL、500μL对萃取效率的影响。当萃取剂体积小于200μL时，不易被收集。结果如图8-3（2）所示，随着萃取剂体积的增加，萃取效率先稳定后下降。当萃取剂体积为200μL时，峰面积较大。因此，本实验选择200μL作为萃取剂体积。

考察了质子供体种类分别为甲酸、乙酸、丙酸、丁酸对萃取效率的影响。结果如图8-3（3）所示，当质子供体种类为丙酸时，峰面积最大。因此，本实验选择丙酸作为质子供体。

　　考察了质子供体体积分别为60μL、80μL、100μL、120μL、140μL、160μL对萃取效率的影响。结果如图8-3（4）所示，随着质子供体体积的增加，萃取效率先上升后下降。当质子供体体积为120μL时，峰面积最大。因此，本实验选择120μL作为质子供体体积。

　　考察了氯化钠用量分别为400mg、500mg、600mg、700mg、800mg、900mg、1000mg、1100mg、1200mg对萃取效率的影响。结果如图8-3（5）所示，随着氯化钠用量的增加，萃取效率先上升后下降。当氯化钠用量为600mg时，峰面积最大。因此，本实验选择600mg作为氯化钠用量。

　　考察了pH分别为3、4、5、6、7、8、9、10、11对萃取效率的影响。结果如图8-3（6）所示，pH对萃取效率没有显著影响。因此，本实验不需要调节pH。

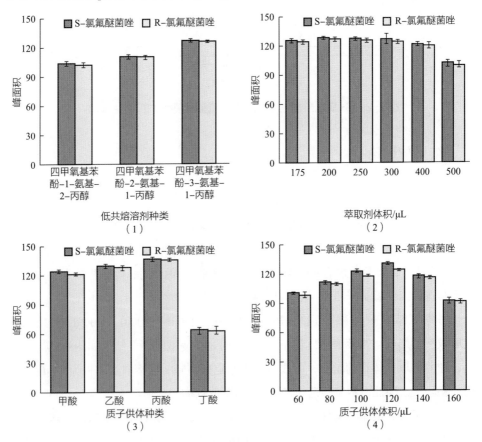

图8-3

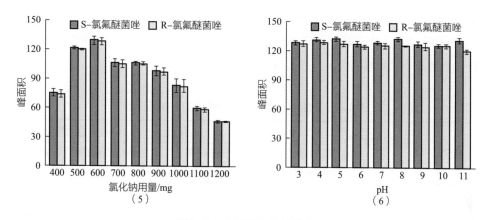

图8-3　前处理条件的优化

2.方法评价

在优化后的提取和检测条件下，对所建立方法的校正曲线、决定系数、检出限、定量限、日内精密度和日间精密度进行了评价。以质量浓度为横坐标，平均峰面积为纵坐标，计算校正曲线如表8-1所示，在0.01~1mg/L质量浓度范围内决定系数R^2大于0.998。以3倍信噪比计算检出限（LOD）为0.003mg/L，以10倍信噪比计算定量限（LOQ）为0.01mg/L。进行3次重复实验，日内相对标准偏差为3.6%~3.9%，日间相对标准偏差为6.9%~7.4%，表明该方法具有良好的线性范围、灵敏度和重复性。

表8-1　三唑类杀菌剂在水中的校正曲线、检出限、定量限和相对标准偏差

农药	校正曲线	R^2	LOD/ （mg/L）	LOQ/ （mg/L）	日内 RSD/ %	日间 RSD/ %
S- 氯氟醚菌唑	$y = 828.94x - 10.308$	0.999	0.003	0.01	3.6	6.9
R- 氯氟醚菌唑	$y = 797.29x - 11.919$	0.998	0.003	0.01	3.9	7.4

3.实际样品分析

为评价方法的准确度和精密度，将优化后的提取和检测方法应用于水、果汁和发酵酒中三唑类杀菌剂（氯氟醚菌唑）的残留分析。农药在样品中的含量均低于方

法检出限，平均添加回收率在79.2%~104.6%，相对标准偏差（RSD）在0.6%~2.5%（表8-2），表明该方法具有良好的准确度和精密度，可用于水、果汁和发酵酒中三唑类杀菌剂（氯氟醚菌唑）的残留分析。

表8-2　测定水、果汁和发酵酒中的氯氟醚菌唑

农药	质量浓度 / （mg/L）	水		果汁		发酵酒	
		回收率 / %	RSD/ %	回收率 / %	RSD/ %	回收率 / %	RSD/ %
S- 氯氟醚菌唑	0	—	—	—	—	—	—
	0.005	99.1	1.0	79.2	1.1	86.3	2.5
	0.05	104.6	0.7	88.9	1.7	103.7	1.5
R- 氯氟醚菌唑	0	—	—	—	—	—	—
	0.005	100.6	0.9	80.8	1.4	88.7	2.4
	0.05	103.6	0.6	87.9	1.8	102.8	1.2

4. 方法比较

将本方法与文献方法在萃取剂、萃取方式及时间、检测技术、回收率和定量限方面进行了比较（表8-3）。本方法避免了使用有毒萃取剂乙腈。萃取过程更快，不需要使用涡旋、振荡或超声等辅助设备。本方法具有快速、简单、环境友好的优点。

表8-3　氯氟醚菌唑的方法比较

萃取剂	萃取方式及时间 /min	检测技术	回收率 / %	LOQ/ （μg/L）	方法比较
乙腈	涡旋 5	LC-MS/MS	98.2~108.7	0.5	参考文献 [70]
乙腈	振荡 10	UHPLC-MS/MS	81.5~107.6	5	参考文献 [72]
乙腈	振荡 15	UPLC-MS/MS	76.9~91.2	5	参考文献 [132]
乙腈	涡旋 5 超声 10	UHPLC-MS/MS	85.4~105.0	2	参考文献 [133]
乙腈	振荡 5	SFC-MS/MS	78.4~119.0	5	参考文献 [134]
低共熔溶剂	—	HPLC-DAD	79.2~104.6	10	本方法

第二节
低共熔溶剂–温度诱导HLLME–固化技术

本节选取低共熔溶剂（尿素–乙酸）作为萃取剂，改变温度诱导分相，固化收集萃取剂，建立了一种低共熔溶剂–温度诱导HLLME–固化技术。采用超高效液相色谱–二极管阵列检测器进行定量分析。最终，将该前处理和检测技术应用于水、果汁、食醋和发酵酒中三唑类杀菌剂（三唑醇和三唑酮）的残留分析。

一、实验方法

1.低共熔溶剂的制备

将尿素和乙酸按照1∶1的摩尔比加入10mL玻璃离心管中，在80℃的温度下恒温搅拌直至形成均一澄清的液体，制得低共熔溶剂。

2.萃取步骤

将1mL样品和2.5mL低共熔溶剂（萃取剂）加入10mL离心管中，溶液不分相。然后置于干冰中，70s之内固态的低共熔溶剂在下层原位生成，溶液分相，完成温度诱导均相液液微萃取过程，此时三唑类杀菌剂从样品中转移到萃取剂中，收集萃取剂到色谱进样瓶中。低共熔溶剂–温度诱导HLLME–固化技术的步骤如图8-4所示。

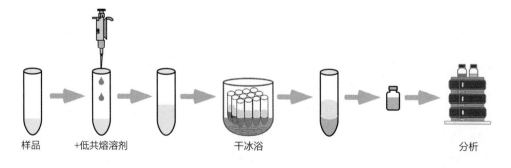

样品   +低共熔溶剂   干冰浴   分析

图8-4 低共熔溶剂–温度诱导HLLME–固化技术的步骤

3.检测步骤

三唑类杀菌剂（三唑醇和三唑酮）的分析采用赛默飞UltiMate™ 3000超高效液相色谱-二极管阵列检测器。进样量为10μL，流动相为甲醇和水（65∶35），流速为0.6mL/min，色谱柱为大赛璐CHIRALCEL® OD-H手性色谱柱（250mm×4.6mm，5μm），柱温为30℃，检测波长为230nm。色谱图如图8-5所示，SR-三唑醇、RS-三唑醇、SS-三唑醇、RR-三唑醇、S-三唑酮和R-三唑酮的保留时间分别为32.9min、35.2min、40.4min、44.5min、59.9min和74.0min。

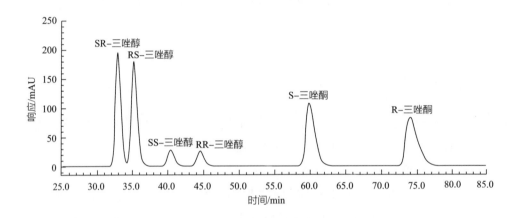

图8-5 三唑醇和三唑酮的色谱图

二、结果与讨论

1.前处理条件的优化

考察了低共熔溶剂摩尔比分别为1∶1、1∶2、1∶3、1∶4、1∶5对萃取效率的影响。结果如图8-6（1）所示，当摩尔比为1∶1时，回收率最高。因此，本实验选择1∶1作为低共熔溶剂摩尔比。

考察了萃取剂体积分别为1.75mL、2mL、2.25mL、2.5mL对萃取效率的影响。结果如图8-6（2）所示，随着萃取剂体积的增加，萃取效率逐渐上升。当萃取剂体积为2.5mL时，回收率最高。因此，本实验选择2.5mL作为萃取剂体积。

考察了冰箱冷冻时间（-20℃）分别为40min、60min、80min、100min、120min、

140min以及干冰冷冻时间分别为30s、40s、50s、60s、70s、80s对萃取效率的影响。当冷冻时间过长时，样品也会从液态转化为固态。结果如图8-6（3）和图8-6（4）所示，随着冷冻时间的增加，萃取效率先上升后下降。当干冰冷冻时间为70s时，回收率最高。因此，本实验选择70s作为干冰冷冻时间。

　　考察了氯化钠用量分别为0mg、50mg、100mg、150mg、200mg、250mg对萃取效率的影响。结果如图8-6（5）所示，随着氯化钠用量的增加，萃取效率逐渐下降。因此，本实验不需要添加氯化钠。

　　考察了pH分别为1、4、7、10、14对萃取效率的影响。结果如图8-6（6）所示，pH对萃取效率没有显著影响。因此，本实验不需要调节pH。

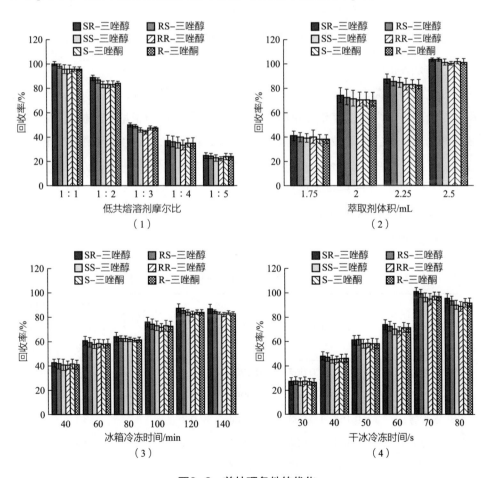

图8-6　前处理条件的优化

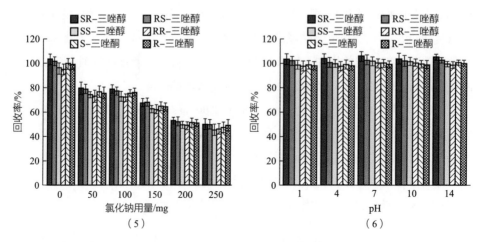

图8-6　前处理条件的优化（续）

2. 方法评价

在优化后的提取和检测条件下，对所建立方法的校正曲线、决定系数、检出限、定量限、日内精密度和日间精密度进行了评价。以质量浓度为横坐标，平均峰面积为纵坐标，计算校正曲线如表8-4所示，在0.002~2mg/L质量浓度范围内决定系数R^2大于0.999。以3倍信噪比计算检出限（LOD）为0.3~0.5mg/L，以10倍信噪比计算定量限（LOQ）为1.1~1.7mg/L。进行3次重复实验，日内相对标准偏差为3.1%~3.7%，日间相对标准偏差为6.2%~8.8%，表明该方法具有良好的线性范围、灵敏度和重复性。

表8-4　三唑类杀菌剂在水中的校正曲线、检出限、定量限和相对标准偏差

农药	校正曲线	R^2	LOD/ (mg/L)	LOQ/ (mg/L)	日内 RSD/ %	日间 RSD/ %
SR-三唑醇	$y = 0.153x + 0.007$	0.9997	0.4	1.4	3.4	6.2
RS-三唑醇	$y = 0.155x + 0.003$	0.9997	0.4	1.4	3.6	7.0
SS-三唑醇	$y = 0.155x + 0.053$	0.9984	0.3	1.1	3.1	7.3
RR-三唑醇	$y = 0.151x + 0.063$	0.9984	0.3	1.1	3.1	8.8
S-三唑酮	$y = 0.155x - 0.017$	0.9987	0.5	1.7	3.7	6.5
R-三唑酮	$y = 0.150x - 0.020$	0.9989	0.5	1.7	3.6	6.2

3. 实际样品分析

为评价方法的准确度和精密度，将优化后的提取和检测方法应用于水、果汁、食醋和发酵酒中三唑类杀菌剂（三唑醇和三唑酮）的残留分析。农药在样品中的含量均低于方法检出限，平均添加回收率在82.2%~105.6%，相对标准偏差（RSD）在0.4%~10.1%（表8-5），表明该方法具有良好的准确度和精密度，可用于水、果汁、食醋和发酵酒中三唑类杀菌剂的残留分析。

表8-5　测定水、果汁、食醋和发酵酒中的三唑类杀菌剂

农药	质量浓度 / （mg/L）	水		果汁		食醋		发酵酒	
		回收率 / %	RSD/ %	回收率 / %	RSD/ %	回收率 / %	RSD/ %	回收率 / %	RSD/ %
SR-三唑醇	0	—	—	—	—	—	—	—	—
	0.02	105.2	5.8	99.4	3.3	92.2	3.8	91.5	1.4
	0.2	100.1	0.9	92.2	4.0	87.1	3.6	93.8	6.3
	2	92.2	3.6	90.7	5.9	84.5	2.4	96.2	1.1
RS-三唑醇	0	—	—	—	—	—	—	—	—
	0.02	105.6	7.6	99.8	3.5	91.8	3.6	90.9	1.3
	0.2	97.4	0.8	90.0	4.3	84.3	3.6	93.3	8.5
	2	91.0	3.7	89.7	5.0	83.0	2.4	95.7	2.5
SS-三唑醇	0	—	—	—	—	—	—	—	—
	0.02	104.7	4.9	99.3	3.5	93.4	2.6	91.1	3.7
	0.2	94.3	1.2	90.2	1.7	82.7	2.8	92.9	7.2
	2	91.6	1.2	93.4	7.4	90.3	9.8	95.8	4.5
RR-三唑醇	0	—	—	—	—	—	—	—	—
	0.02	103.4	5.1	104.2	3.4	93.0	1.6	90.0	4.1
	0.2	95.4	2.7	95.1	6.1	87.1	5.4	92.9	10.1
	2	91.5	0.7	91.4	5.3	92.6	4.4	96.4	5.4

续表

农药	质量浓度/ (mg/L)	水		果汁		食醋		发酵酒	
		回收率/ %	RSD/ %	回收率/ %	RSD/ %	回收率/ %	RSD/ %	回收率/ %	RSD/ %
S-三唑酮	0	—	—	—	—	—	—	—	—
	0.02	99.9	5.7	95.5	3.0	88.2	3.7	87.2	1.3
	0.2	95.5	0.4	86.0	8.0	83.0	3.8	91.7	8.5
	2	92.8	2.8	89.6	7.2	82.2	3.3	92.8	4.0
R-三唑酮	0	—	—	—	—	—	—	—	—
	0.02	99.9	5.4	95.8	3.0	88.3	3.6	87.5	1.4
	0.2	95.0	1.0	85.1	8.0	82.7	4.1	91.1	8.8
	2	88.2	3.4	87.3	4.9	84.1	4.1	91.0	1.0

第三节
可转化脂肪酸/离子液体-连续HLLME-固化技术

本节连续选取可转化脂肪酸（辛酸、壬酸和癸酸）和离子液体（1-乙基-3-甲基咪唑四氟硼酸盐、1-己基-3-甲基咪唑四氟硼酸盐、1-辛基-3-甲基咪唑四氟硼酸盐）作为萃取剂，第一次分相后，悬浮固化收集萃取剂可转化脂肪酸，第二次分相后，固化收集萃取剂离子液体，建立了一种可转化脂肪酸/离子液体-连续HLLME-固化技术。采用高效液相色谱-二极管阵列检测器和石墨炉原子吸收光谱法进行定量分析。最终，将该前处理和检测技术应用于水、果汁、茶和白酒中拟除虫菊酯类杀虫剂（高效氯氟氰菊酯、溴氰菊酯和联苯菊酯）和重金属（镉）的残留分析。

一、实验方法

1. 萃取步骤

将5mL样品和105mg癸酸钠（萃取剂前体）加入10mL离心管中，溶液不分相。将247mg 1-乙基-3-甲基咪唑硫酸氢盐（萃取剂前体）加入到离心管中，萃取剂癸酸原位生成，溶液分相，完成第一次均相液液微萃取过程，此时拟除虫菊酯类杀虫剂从样品中转移到癸酸中。将离心管在1370g的离心力下离心3min，然后置于冰浴中，5min之内待上层癸酸从液态转化为固态后，收集癸酸到色谱进样瓶中。将100μL吡咯烷二硫代氨基甲酸铵（100mg/L）、132mg氟硼酸钠（萃取剂前体）和126mg碳酸钠依次加入到离心管中，萃取剂1-乙基-3-甲基咪唑四氟硼酸盐原位生成，溶液分相，并产生大量的二氧化碳气泡，完成第二次均相液液微萃取过程，此时镉的络合物从样品中转移到1-乙基-3-甲基咪唑四氟硼酸盐中。将离心管在1370g的离心力下离心3min，然后置于冰浴中，5min之内待下层1-乙基-3-甲基咪唑四氟硼酸盐从液态转化为固态后，将1-乙基-3-甲基咪唑四氟硼酸盐溶解到150μL的0.1mol/L硝酸和乙醇混合溶液中（80：20）。可转化脂肪酸/离子液体-连续HLLME-固化技术的步骤如图8-7所示。

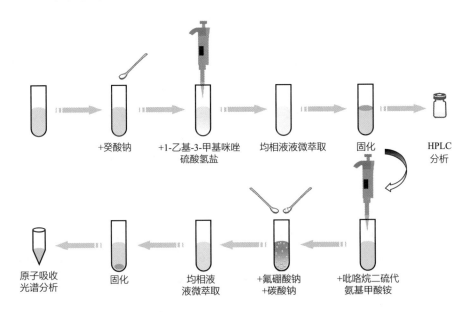

图8-7 可转化脂肪酸/离子液体-连续HLLME-固化技术的步骤

2.检测步骤

拟除虫菊酯类杀虫剂（高效氯氟氰菊酯、溴氰菊酯和联苯菊酯）的分析采用安捷伦1260高效液相色谱-二极管阵列检测器。进样量为20μL，流动相为乙腈和水（85：15），流速为0.5mL/min，色谱柱为安捷伦ZORBAX Eclipse Plus C$_{18}$色谱柱（150mm×4.6mm，5μm），柱温为20℃，检测波长为230nm。高效氯氟氰菊酯、溴氰菊酯和联苯菊酯的保留时间分别为10.2min、11.4min和18.8min。

重金属（镉）的分析采用岛津原子吸收分光光度计AA-7000。进样量为20μL，狭缝宽度为0.7nm，检测波长为228.8nm。加热程序如下：干燥温度为120℃，升温时间为3s，保持时间为20s；灰化温度为500℃，升温时间为10s，保持时间为23s；原子化温度为2000℃，时间为3s；清洁温度为2400℃，时间为2s；管内的吹扫气体流速为200mL/min。

二、结果与讨论

1.前处理条件的单因素优化

考察了萃取剂可转化脂肪酸前体种类分别为辛酸钠、壬酸钠、癸酸钠对萃取效率的影响。结果如图8-8（1）和图8-8（2）所示，当萃取剂可转化脂肪酸前体为癸酸钠时，回收率最高。因此，本实验选择癸酸钠作为萃取剂可转化脂肪酸前体。

考察了萃取剂离子液体前体种类分别为1-乙基-3-甲基咪唑硫酸氢盐、1-己基-3-甲基咪唑硫酸氢盐、1-辛基-3-甲基咪唑硫酸氢盐对萃取效率的影响。结果如图8-8（3）和图8-8（4）所示，当萃取剂离子液体前体为1-乙基-3-甲基咪唑硫酸氢盐时，回收率最高。因此，本实验选择1-乙基-3-甲基咪唑硫酸氢盐作为萃取剂离子液体前体。

考察了氯化钠用量分别为0mg、200mg、400mg、600mg、800mg、1000mg对萃取效率的影响。结果如图8-8（5）和图8-8（6）所示，随着氯化钠用量的增加，萃取效率逐渐下降。因此，本实验不需要添加氯化钠。

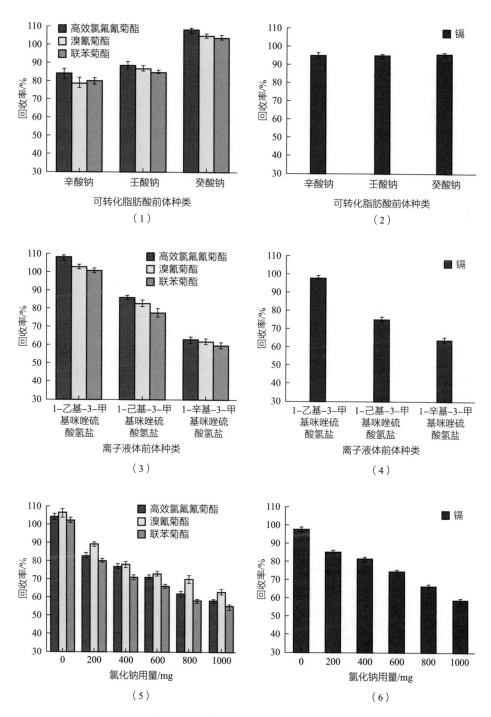

图8-8 前处理条件的单因素优化

2.前处理条件的响应面优化

通过Box-Behnken响应面方法优化癸酸钠的用量（A，10~190mg）、1-乙基-3-甲基咪唑硫酸氢盐的用量（B，80~320mg）、氟硼酸钠的用量（C，10~210mg）和碳酸钠的用量（D，0~200mg）四个变量，并研究变量之间的相互作用。因变量为拟除虫菊酯类杀虫剂和重金属的平均回收率（Y）。结果如表8-6所示，模型的P小于0.01，说明回归方程极显著。失拟的P大于0.05，说明该模型准确地代表了结果。调整决定系数大于0.99，验证了拟合模型的准确性和可靠性。

表8-6　响应面二次模型的方差分析

方差来源	平方和	自由度	均方	F	P	显著性
模型	8086.55	14	577.61	249.46	<0.0001	显著
A	200.08	1	200.08	86.41	<0.0001	
B	1704.08	1	1704.08	735.95	<0.0001	
C	833.33	1	833.33	359.90	<0.0001	
D	1121.33	1	1121.33	484.28	<0.0001	
AB	20.25	1	20.25	8.75	0.0104	
AC	90.25	1	90.25	38.98	<0.0001	
AD	12.25	1	12.25	5.29	0.0373	
BC	36.00	1	36.00	15.55	0.0015	
BD	64.00	1	64.00	27.64	0.0001	
CD	90.25	1	90.25	38.98	<0.0001	
A^2	1248.75	1	1248.75	539.31	<0.0001	
B^2	1634.70	1	1634.70	705.99	<0.0001	
C^2	1054.46	1	1054.46	455.40	<0.0001	
D^2	2101.62	1	2101.62	907.64	<0.0001	
残差	32.42	14	2.32			
失拟值	26.42	10	2.64	1.76	0.3080	不显著
纯误差	6.00	4	1.50			
总和	8118.97	28				

　　随着癸酸钠的用量（A）、1-乙基-3-甲基咪唑硫酸氢盐的用量（B）、氟硼酸钠的用量（C）和碳酸钠的用量（D）的增加，拟除虫菊酯类杀虫剂和重金属的平均回收率（Y）均呈现先上升后下降的趋势（图8-9）。氯氟醚菌唑的理论最大回收率分别为103.6%。考虑了响应面优化的结果和实际操作的可行性，确定了最佳萃取条件为：癸酸钠的用量为105mg、1-乙基-3-甲基咪唑硫酸氢盐的用量为246mg、氟硼酸钠的用量为131mg、碳酸钠的用量为128mg。

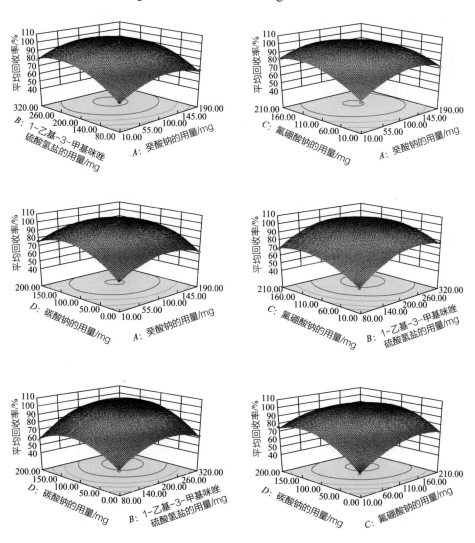

图8-9　前处理条件的响应面优化

3. 方法评价

在优化后的提取和检测条件下，对所建立方法的校正曲线、决定系数、检出限、定量限、日内精密度和日间精密度进行了评价。以质量浓度为横坐标，平均峰面积或吸光度为纵坐标，计算校正曲线如表8-7所示，拟除虫菊酯类杀虫剂在0.002~2mg/L质量浓度范围内决定系数R^2大于0.997，重金属在0.00002~0.0006mg/L质量浓度范围内决定系数R^2为0.990。以3倍信噪比计算拟除虫菊酯类杀虫剂和重金属检出限（LOD）分别为0.0006mg/L和0.000006mg/L，以10倍信噪比计算拟除虫菊酯类杀虫剂和重金属定量限（LOQ）分别为0.002mg/L和0.00002mg/L。进行5次重复实验，日内相对标准偏差为0.8%~2.2%，日间相对标准偏差为1.7%~2.9%，表明该方法具有良好的线性范围、灵敏度和重复性。

表8-7　拟除虫菊酯类杀虫剂和重金属在水、果汁、茶和白酒中的校正曲线、检出限、定量限和相对标准偏差

农药金属	校正曲线	R^2	LOD/（mg/L）	LOQ/（mg/L）	日内RSD/%	日间RSD/%
高效氯氟氰菊酯	$y = 9524.7x + 9.2441$	0.999	0.0006	0.002	1.5	2.3
溴氰菊酯	$y = 8844.1x + 22.948$	0.997	0.0006	0.002	0.8	1.7
联苯菊酯	$y = 9145.0x + 10.342$	0.999	0.0006	0.002	2.2	2.9
镉	$y = 0.1018x + 0.0488$	0.990	6×10^{-6}	2×10^{-5}	1.4	2.1

4. 实际样品分析

为评价方法的准确度和精密度，将优化后的提取和检测方法应用于水、果汁、茶和白酒中拟除虫菊酯类杀虫剂（高效氯氟氰菊酯、溴氰菊酯和联苯菊酯）和重金属（镉）的残留分析。农药在样品中的含量均低于方法检出限，农药和重金属的平均添加回收率分别为80.5%~97.2%和77.0%~92.3%，相对标准偏差（RSD）分别为0.5%~4.5%和1.0%~2.6%（表8-8），表明该方法具有良好的准确度和精密度，可用于水、果汁、茶和白酒中拟除虫菊酯类杀虫剂和重金属的残留分析。

表8-8　测定水、果汁、茶和白酒中的拟除虫菊酯类杀虫剂和重金属

农药 金属	质量浓度 / （mg/L）	水		果汁		茶		白酒	
		回收率 / %	RSD/ %	回收率 / %	RSD/ %	回收率 / %	RSD/ %	回收率 / %	RSD/ %
高效 氯氟氰 菊酯	0	—	—	—	—	—	—	—	—
	0.01	94.0	2.3	84.5	1.1	86.6	3.2	82.2	1.2
	0.1	96.2	2.7	88.3	2.9	86.9	1.4	91.5	1.6
	1	94.3	1.1	84.5	2.1	84.7	2.3	96.5	1.4
溴氰 菊酯	0	—	—	—	—	—	—	—	—
	0.01	94.9	1.8	80.5	0.5	83.8	1.6	82.7	0.9
	0.1	95.1	0.8	84.4	1.5	82.6	1.8	91.5	1.2
	1	91.7	1.5	82.6	1.6	84.2	2.2	97.2	1.4
联苯 菊酯	0	—	—	—	—	—	—	—	—
	0.01	95.0	0.6	84.9	1.2	89.3	3.0	82.2	1.2
	0.1	93.3	4.5	86.6	1.9	82.6	2.7	87.5	1.7
	1	93.6	2.0	82.0	2.2	82.7	1.2	92.0	2.3
镉	0	—	—	—	—	—	—	—	—
	0.00002	89.3	1.9	83.0	1.0	77.0	1.0	84.0	1.9
	0.0001	92.0	2.6	84.3	2.0	78.2	2.1	84.2	2.6
	0.0004	92.3	1.8	84.7	1.1	78.9	2.2	84.7	1.4

5. 方法比较

将本方法与文献方法在前处理技术、萃取剂及用量、萃取时间、设备、检测技术、回收率和检出限方面进行了比较（表8-9）。本方法使用了绿色萃取剂脂肪酸和离子液体。萃取剂的生成和目标物的提取同时完成，不需要使用超声或涡旋等辅助设备。本方法具有简单、高效、环境友好的优点。

表8-9   拟除虫菊酯类杀虫剂和重金属的方法比较

前处理技术	萃取剂及用量 /μL	萃取时间 /min	设备	检测技术	回收率 /%	LOD/（μg/L）	方法比较
DLLME	氯苯 310	3	超声	HPLC-UV	83.3~91.5	1.15~2.46	参考文献[54]
DLLME	十二醇 200	1.5	涡旋	HPLC-DAD	72.4~105.3	5.57~7.73	参考文献[55]
DLLME	柠檬酸 – 蔗糖 400 四氢呋喃 350	10	超声	FAAS	94.5~97.3	0.16	参考文献[136]
DLLME	十二酸 – 四氢呋喃 1090	1.5	涡旋	GFAAS	96.2~109.1	0.10	参考文献[137]
HLLME	癸酸钠 105 咪唑硫酸氢盐 246 氟硼酸钠 131	<2	—	HPLC-DAD GFAAS	80.5~97.2 77.0~92.3	0.6 0.006	本方法

第九章

其他萃取技术的应用

第一节
生物衍生溶剂-密度调节辅助液液微萃取技术

本节选取生物衍生溶剂（愈创木酚）作为萃取剂，调节样品的密度辅助液液萃取，建立了一种生物衍生溶剂-密度调节辅助液液微萃取技术。采用智能手机-数字图像比色法进行定量分析。最终，将该前处理和检测技术应用于水、果汁、食醋和发酵酒中有机磷类杀虫剂（甲基对硫磷）的残留分析。

一、实验方法

1.萃取步骤

将5mL样品加入10mL离心管中。加入150μL愈创木酚（萃取剂），萃取剂迅速从离心管上层移动到离心管下层。加入1500mg氯化钾增加样品溶液的密度，愈创木酚从离心管下层移动到离心管上层。再加入4mL水降低样品溶液的密度，愈创木酚从离心管上层移动到离心管下层，完成密度调节辅助液液微萃取过程，此时甲基对硫磷从样品中转移到萃取剂中，收集萃取剂。生物衍生溶剂-密度调节辅助液液微萃取技术的步骤如图9-1所示。

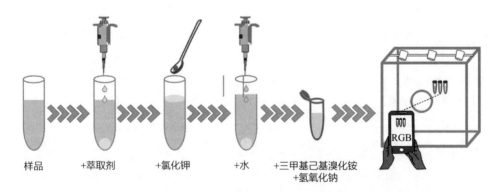

样品　　+萃取剂　　+氯化钾　　+水　　+三甲基己基溴化铵 +氢氧化钠

图9-1　生物衍生溶剂-密度调节辅助液液微萃取技术的步骤

2.检测步骤

有机磷类杀虫剂（甲基对硫磷）的数字图像比色分析采用小米10S智能手机。

将萃取剂、100μL三甲基己基溴化铵和100μL氢氧化钠溶液（1%）加入1.5mL的离心管中，溶液颜色由无色变为黄色。将离心管置入不透光的拍照灯箱中，在恒定LED灯亮度和手机位置的条件下进行拍照，在RGB模式下读取数据计算强度I值，其中$I=1/B$，B为蓝色通道的数值。

二、结果与讨论

1.前处理条件的优化

考察了萃取剂体积分别为50μL、75μL、100μL、125μL、150μL、175μL、200μL对萃取效率的影响。结果如图9-2（1）所示，随着萃取剂体积的增加，萃取效率先上升后下降。当萃取剂体积为150μL时，回收率最高。因此，本实验选择150μL作为萃取剂体积。

考察了盐种类分别为氯化钾、氯化钠、硫酸钠、硝酸钠对萃取效率的影响。结果如图9-2（2）所示，当盐为氯化钾时，回收率最高。因此，本实验选择氯化钾作为盐。

考察了氯化钾用量分别为1300mg、1400mg、1500mg、1600mg、1700mg、1800mg对萃取效率的影响。结果如图9-2（3）所示，随着氯化钾用量的增加，萃取效率先上升后下降。当氯化钾用量为1500mg时，回收率最高。因此，本实验选择1500mg作为氯化钾用量。

考察了水体积分别为3000μL、3500μL、4000μL、4500μL、5000μL、5500μL和6000μL对萃取效率的影响。结果如图9-2（4）所示，随着水体积的增加，萃取效率先上升后下降。当水体积为4000μL时，回收率最高。因此，本实验选择4000μL作为水体积。

2.方法评价

在优化后的提取和检测条件下，对所建立方法的校正曲线、决定系数、检出限、定量限、日内精密度和日间精密度进行了评价。以质量浓度为横坐标，平均强度I（$I=1/B$）为纵坐标，计算校正曲线如表9-1所示，在0.01~1mg/L质量浓度范围内决定系数R^2大于0.992。以3倍信噪比计算检出限（LOD）为0.003mg/L，以10倍信噪比计算定量限（LOQ）为0.01mg/L。进行3次重复实验，日内相对标准偏差为0.9%~1.7%，日间相对标准偏差为1.4%~2.5%，表明该方法具有良好的线性范围、灵敏度和重复性。

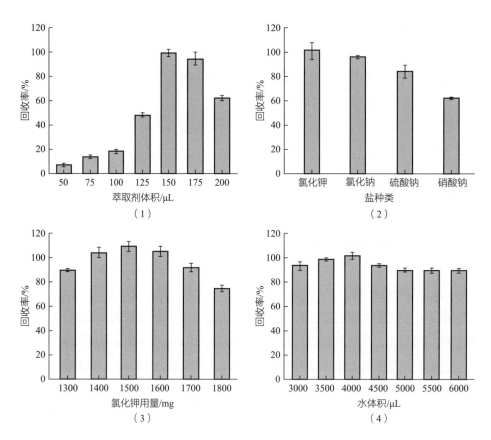

图9-2　前处理条件的优化

表9-1　甲基对硫磷在水、果汁、食醋和发酵酒中的校正
曲线、检出限、定量限和相对标准偏差

农药	样品	校正曲线	R^2	LOD/ （mg/L）	LOQ/ （mg/L）	日内 RSD/ %	日间 RSD/ %
甲基对 硫磷	水	$y = 0.002612x + 0.005537$	0.995	0.003	0.01	1.0	1.4
	果汁	$y = 0.002285x + 0.011845$	0.993	0.003	0.01	1.7	2.5
	食醋	$y = 0.000620x + 0.007099$	0.993	0.003	0.01	0.9	2.4
	发酵酒	$y = 0.000390x + 0.007555$	0.992	0.003	0.01	1.4	2.4

在相同质量浓度下评价了不同杀虫剂（联苯菊酯、溴氰菊酯、噻虫胺、呋虫胺、噻虫啉、啶虫脒、氟虫腈、阿维菌素）对甲基对硫磷的干扰。不同杀虫剂不会对甲基对硫磷的检测产生干扰（图9-3），表明该方法具有良好的选择性。

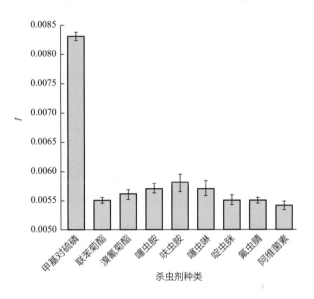

图9-3 不同杀虫剂的干扰

3. 实际样品分析

为评价方法的准确度和精密度，将优化后的提取和检测方法应用于水、果汁、食醋和发酵酒中有机磷类杀虫剂（甲基对硫磷）的残留分析。农药在样品中的含量均低于方法检出限，平均添加回收率在91.6%~106.5%，相对标准偏差（RSD）在0.6%~6.0%（表9-2），与标准方法GB 23200.113—2018《食品安全国家标准 植物源性食品中208种农药及其代谢物残留量的测定 气相色谱-质谱联用法》无显著差异，表明该方法具有良好的准确度和精密度，可用于水、果汁、食醋和发酵酒中有机磷类杀虫剂（甲基对硫磷）的残留分析。

4. 方法比较

将本方法与文献方法在前处理技术、萃取剂及用量、萃取时间、设备、检测技术、回收率和检出限方面进行了比较（表9-3）。本方法只使用了小体积的绿色萃取剂愈创木酚。萃取过程更快，不需要使用搅拌、超声或涡旋等辅助设备。本方法具有快速、方便、环境友好的优点。

表9-2　测定水、果汁、食醋和发酵酒中的甲基对硫磷

方法	质量浓度 / （mg/L）	水		果汁		食醋		发酵酒	
		回收率 / %	RSD/ %	回收率 / %	RSD/ %	回收率 / %	RSD/ %	回收率 / %	RSD/ %
本方法	0	—	—	—	—	—	—	—	—
	0.01	96.8	1.2	91.6	3.7	106.5	1.7	98.4	2.7
	0.1	94.9	2.0	93.5	3.2	100.6	3.1	100.5	0.6
	1	92.9	3.2	94.2	6.0	94.0	1.5	94.0	3.6
标准 方法	0	—	—	—	—	—	—	—	—
	0.01	92.4	3.0	81.9	2.2	85.4	1.7	94.2	2.2
	0.1	104.3	2.0	103.7	1.1	92.9	0.8	96.8	1.2
	1	105.9	2.3	104.7	0.4	96.2	0.5	97.5	0.8

表9-3　甲基对硫磷的方法比较

前处理 技术	萃取剂及 用量 /μL	萃取时 间 /min	设备	检测 技术	回收率 / %	LOD/ （μg/L）	方法 比较
DLSPE	二氯甲烷 5000	25	搅拌 超声	GC-MS	94~99	0.025	参考文献 [139]
DLLME	氯仿 290 丙酮 280	0.5	涡旋	LC-MS/MS	95~119	0.67	参考文献 [140]
DLLME	正己烷 15 十二醇 15	1	涡旋	HPLC-DAD	80~104	0.3	参考文献 [141]
DLLME	溴丁烷 80	2	涡旋	HPLC-UV	90~104	0.38	参考文献 [142]
DLLME	离子液体 75	3	超声	RPLC-UV	96~103	0.01	参考文献 [143]
LLME	愈创木酚 150	—	—	智能手机 - 数字图像比 色法	92~107	3	本方法

注：DLSPE 为分散液固相萃取。

第二节
低共熔溶剂-涡旋辅助固液萃取技术-1

本节选取低共熔溶剂（氯化胆碱-乙二醇、氯化胆碱-丙二醇、氯化胆碱-丁二醇）作为萃取剂，涡旋辅助固液萃取，建立了一种低共熔溶剂-涡旋辅助固液萃取技术。采用荧光光谱法进行定量分析。最终，将该前处理和检测技术应用于谷物（大米、小麦、小米和燕麦）中氨基甲酸酯类杀虫剂（抗蚜威）的残留分析。

一、实验方法

1. 低共熔溶剂的制备

将氯化胆碱和丁二醇按照1∶1的摩尔比加入10mL玻璃离心管中，在90℃的温度下恒温搅拌直至形成均一澄清的液体，制得低共熔溶剂。

2. 萃取步骤

将1g粉碎后的谷物样品加入5mL离心管中，再加入1mL低共熔溶剂（萃取剂），涡旋15s，完成涡旋辅助固液萃取过程，此时抗蚜威从样品中转移到萃取剂中，收集萃取剂并通过0.22μm的滤膜。

3. 量子点的制备

采用一步水热法合成硫掺杂碳量子点。将0.4g柠檬酸加入40mL去离子水中，搅拌溶解，再加入0.113g硫化钠，搅拌10min。将该溶液置于50mL水热合成反应釜中，在190℃的温度下加热12h，制得具有蓝绿色荧光的硫掺杂量子点溶液。

4. 检测步骤

氨基甲酸酯类杀虫剂（抗蚜威）的荧光分析采用美谷分子SpectraMax I3X多功能酶标仪。将100μL萃取剂加入96孔板中，加入50μL乙酰胆碱酯酶（AChE）溶液（50mU/mL），在37℃的温度下孵育50min，充分抑制乙酰胆碱酯酶的活性。再加入50μL碘化乙酰硫代胆碱溶液（2mmoL/L）、50μL磷酸氢二钠-磷酸二氢钠缓冲溶液（pH 7）和50μL硫掺杂量子点溶液，在37℃的温度下反应30min，碘化乙酰硫代胆碱在酶的作用下充分水解，带正电的硫代胆碱与带负电的硫掺杂量子点充分反应。在激发波长为325nm、发射波长为395nm的条件下测定荧光强度，计算F_0/F，其中

F_0表示没有加入抗蚜威时的荧光强度，F表示加入抗蚜威时的荧光强度（图9-4）。

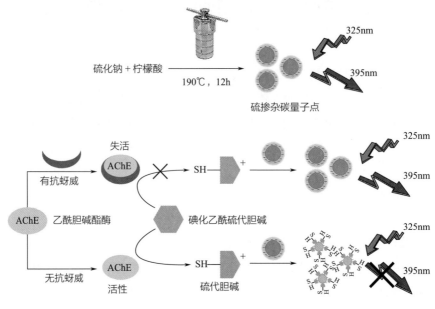

图9-4　荧光光谱法检测的步骤

二、结果与讨论

1. 前处理条件的优化

考察了低共熔溶剂种类分别为氯化胆碱-乙二醇、氯化胆碱-丙二醇、氯化胆碱-丁二醇对萃取效率的影响。结果如图9-5（1）所示，当低共熔溶剂为氯化胆碱-丁二醇时，回收率最高。因此，本实验选择氯化胆碱-丁二醇作为低共熔溶剂。

考察了萃取剂体积分别为750μL、1000μL、1250μL、1500μL、1750μL、2000μL对萃取效率的影响。结果如图9-5（2）所示，随着萃取剂体积的增加，萃取效率先上升后稳定。当萃取剂体积为1000μL时，回收率最高。因此，本实验选择1000μL作为萃取剂体积。

考察了低共熔溶剂水溶液中低共熔溶剂体积分数分别为100%、80%、60%、40%、20%对萃取效率的影响。将低共熔溶剂与水混合，有助于降低低共熔溶剂的黏度。结果如图9-5（3）所示，随着水体积分数的增加，萃取效率逐渐下降。因此，本实验不需要将低共熔溶剂与水混合。

考察了萃取时间分别为0s、15s、30s、45s、60s、120s对萃取效率的影响。结果如图9-5（4）所示，随着萃取时间的增加，萃取效率先上升后下降。当萃取时间为15s时，回收率最高。因此，本实验选择15s作为萃取时间。

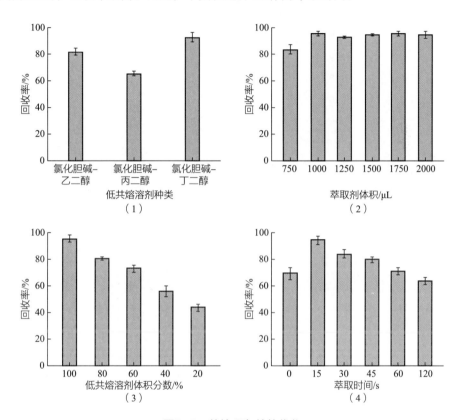

图9-5　前处理条件的优化

2.检测条件的优化

硫掺杂碳量子点的激发波长为325nm，发射波长为395nm（图9-6）。测定了反应体系a（乙酰胆碱酯酶+碘化乙酰硫代胆碱+硫掺杂碳量子点）、反应体系b（抗蚜威+乙酰胆碱酯酶+碘化乙酰硫代胆碱+硫掺杂碳量子点）的荧光光谱图。结果如图9-7所示，抗蚜威使反应体系的荧光信号增强。碘化乙酰硫代胆碱的水解产物硫代胆碱带正电，与带负电的硫掺杂碳量子点通过静电作用结合，导致硫掺杂碳量子点聚集，荧光信号降低。抗蚜威抑制乙酰胆碱酯酶的活性，减少硫代胆碱的产生和硫掺杂碳量子点的聚集，荧光信号增强，验证了抗蚜威检测方法的可行性。

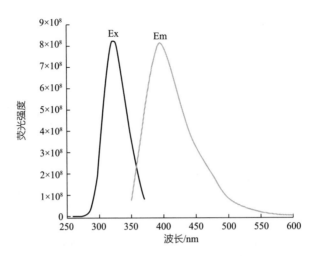

图9-6　硫掺杂碳量子点的激发光谱（Em）和发射光谱（Ex）

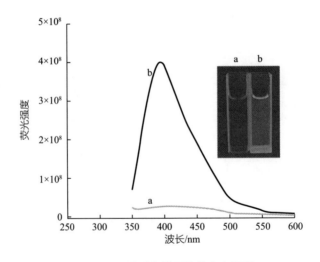

图9-7　不同反应体系的荧光光谱图

　　考察了乙酰胆碱酯酶溶液浓度分别为1mU/mL、5mU/mL、25mU/mL、50mU/mL、100mU/mL、200mU/mL对荧光强度的影响。结果如图9-8（1）所示，随着乙酰胆碱酯酶溶液浓度的增加，荧光强度先下降后上升。当乙酰胆碱酯酶溶液浓度为50mU/mL时，荧光强度最小。因此，本实验选择50mU/mL作为乙酰胆碱酯酶溶液浓度。

　　考察了pH分别为5.8、6.2、6.6、7.0、7.4、7.8对荧光强度的影响。结果如图9-8（2）所示，当pH为7.0时，荧光强度最小。因此，本实验pH为7.0。

考察了碘化乙酰硫代胆碱溶液浓度分别为0.05mmol/L、0.1mmol/L、0.5mmol/L、2mmol/L、5mmol/L、10mmol/L对荧光强度的影响。结果如图9-8（3）所示，随着碘化乙酰硫代胆碱溶液浓度的增加，荧光强度先下降后上升。当碘化乙酰硫代胆碱溶液浓度为2mmol/L时，荧光强度最小。因此，本实验选择2mmol/L作为碘化乙酰硫代胆碱溶液浓度。

考察了反应时间分别为10min、20min、30min、40min、50min对荧光强度的影响。结果如图9-8（4）所示，随着反应时间的增加，荧光强度先降低后稳定。当反应时间为50min时，荧光强度最小。因此，本实验选择50min作为反应时间。

考察了孵育时间分别为10min、20min、30min、40min、50min、60min、70min、80min对荧光强度的影响。结果如图9-8（5）所示，随着孵育时间的增加，荧光强度先上升后稳定。当孵育时间为50min时，荧光强度最大（加入农药后信号变化大，实验效果好）。因此，本实验选择50min作为孵育时间。

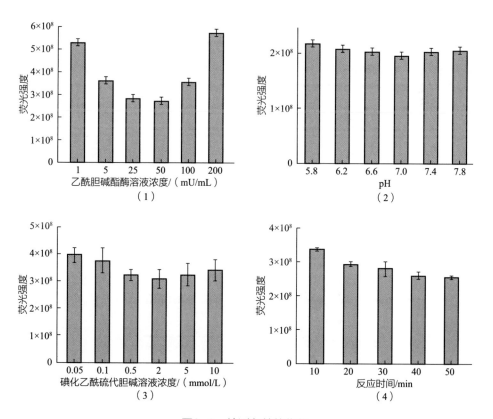

图9-8　检测条件的优化

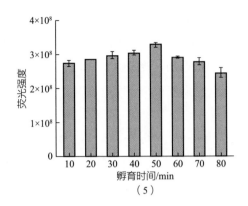

（5）

图9-8　检测条件的优化（续）

3. 方法评价

在优化后的提取和检测条件下，对所建立方法的校正曲线、决定系数、检出限和定量限进行了评价。以质量浓度为横坐标，荧光强度为纵坐标，计算校正曲线为 $y = (13.1274x + 4.9666) \times 10^7$（图9-9），在0.022~5mg/kg质量浓度范围内决定系数 R^2 为0.996。以3倍信噪比计算检出限（LOD）为0.006mg/kg，以10倍信噪比计算定量限（LOQ）为0.022mg/kg，表明该方法具有良好的线性范围和灵敏度。

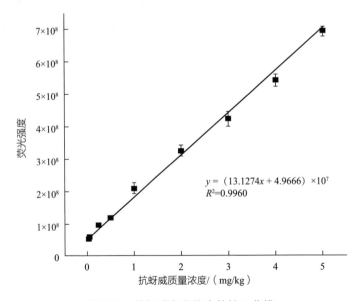

图9-9　抗蚜威在谷物中的校正曲线

在相同质量浓度下评价了不同杀虫剂（氯虫苯甲酰胺、氟虫腈、阿维菌素、三氟氯氰菊酯、吡虫啉）对抗蚜威的干扰。不同杀虫剂不会对抗蚜威的检测产生干扰（图9-10），表明该方法具有良好的选择性。

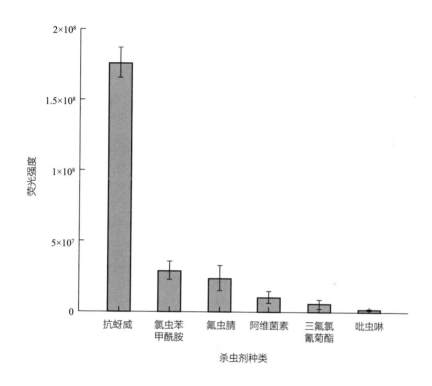

图9-10　不同杀虫剂的干扰

4.实际样品分析

为评价方法的准确度和精密度，将优化后的提取和检测方法应用于谷物（大米、小麦、小米和燕麦）中氨基甲酸酯类杀虫剂（抗蚜威）的残留分析。农药在样品中的含量均低于方法检出限，平均添加回收率在96.6%~108.2%，相对标准偏差（RSD）在0.6%~3.2%（表9-4），与标准方法GB 23200.9—2016《食品安全国家标准　粮谷中475种农药及相关化学品残留量的测定　气相色谱-质谱法》无显著差异，表明该方法具有良好的准确度和精密度，可用于谷物中氨基甲酸酯类杀虫剂（抗蚜威）的残留分析。

表9-4　测定谷物中的抗蚜威

方法	质量浓度 / (mg/kg)	大米		小麦		小米		燕麦	
		回收率 / %	RSD/ %	回收率 / %	RSD/ %	回收率 / %	RSD/ %	回收率 / %	RSD/ %
本方法	0	—	—	—	—	—	—	—	—
	0.05	108.2	1.4	96.6	3.2	104.8	2.3	98.4	1.3
	0.5	99.6	2.4	102.9	2.6	105.5	2.6	97.3	2.0
	5	99.9	0.6	100.3	2.0	100.3	1.0	100.9	1.1
标准 方法	0	—	—	—	—	—	—	—	—
	0.05	86.3	7.2	90.9	3.3	98.7	5.4	87.8	6.2
	0.5	89.4	5.3	86.5	5.5	96.1	2.0	84.3	5.0
	5	95.6	3.4	102.2	7.2	90.4	2.6	100.3	4.2

第三节
低共熔溶剂-涡旋辅助固液萃取技术-2

　　本节选取低共熔溶剂（L-脯氨酸-乙二醇、L-脯氨酸-乙醇酸、L-脯氨酸-乙醇胺）作为萃取剂，涡旋辅助固液萃取，建立了一种低共熔溶剂-涡旋辅助固液萃取技术。采用荧光光谱法进行定量分析。最终，将该前处理和检测技术应用于谷物（小米、大米、小麦和大麦）中氨基甲酸酯类杀虫剂（灭多威）的残留分析。

一、实验方法

1.低共熔溶剂的制备
　　将L-脯氨酸和乙二醇按照1：1的摩尔比加入10mL玻璃离心管中，在85℃的温度下恒温搅拌直至形成均一澄清的液体，制得低共熔溶剂。

2. 萃取步骤

将0.1g粉碎后的谷物样品加入1.5mL离心管中，再加入150μL低共熔溶剂（萃取剂），涡旋90s，完成涡旋辅助固液萃取过程，此时灭多威从样品中转移到萃取剂中，将离心管在3260g的离心力下离心2min，收集萃取剂。

3. 量子点的制备

采用一步水热法合成生物质碳量子点。将2g粉碎后的小米加入30mL蒸馏水中，将该溶液置于50mL水热合成反应釜中，在200℃的温度下加热6h，制得生物质碳量子点溶液。

4. 检测步骤

氨基甲酸酯类杀虫剂（灭多威）的荧光分析采用美谷分子SpectraMax I3X多功能酶标仪。将50μL萃取剂加入96孔板中，加入25μL乙酰胆碱酯酶溶液（50mU/mL），在37℃的温度下孵育30min。再加入50μL碘化乙酰硫代胆碱溶液（1mmol/L）、75μL PBS缓冲溶液（pH 6.8，0.2mmol/L）和 50μL生物质碳量子点，在37℃的温度下反应15min。在激发波长为315nm，发射波长为370nm的条件下测定荧光强度（图9-11）。

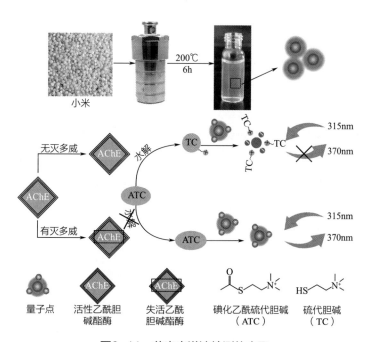

图9-11　荧光光谱法检测的步骤

二、结果与讨论

1.前处理条件的优化

考察了低共熔溶剂种类分别为L-脯氨酸-乙醇胺、L-脯氨酸-乙二醇、L-脯氨酸-乙醇酸对萃取效率的影响。L-脯氨酸与乙二酸、乙二胺、乙氨酸不能按照1:5的摩尔比合成低共熔溶剂（表9-5）。结果如图9-12（1）所示，当低共熔溶剂为L-脯氨酸-乙二醇时，回收率最高。因此，本实验选择L-脯氨酸-乙二醇作为低共熔溶剂。

表9-5　低共熔溶剂的合成结果

低共熔溶剂种类	摩尔比		
	1:5	1:1	5:1
L-脯氨酸-乙二醇	√ 无色透明	√ 无色透明	× 不能合成
L-脯氨酸-乙二酸	× 不能合成	× 不能合成	× 不能合成
L-脯氨酸-乙二胺	× 不能合成	× 不能合成	× 不能合成
L-脯氨酸-乙醇酸	√ 无色透明	√ 无色透明	× 不能合成
L-脯氨酸-乙醇胺	√ 无色透明	× 不能合成	× 不能合成
L-脯氨酸-乙氨酸	× 不能合成	× 不能合成	× 不能合成

考察了低共熔溶剂摩尔比分别为1:2、1:3、1:4、1:5、1:6、1:7对萃取效率的影响。结果如图9-12（2）所示，当摩尔比为1:5时，回收率最高。因此，本实验选择1:5作为低共熔溶剂摩尔比。

考察了萃取剂体积分别为100μL、150μL、200μL、250μL、300μL、400μL对萃取效率的影响。结果如图9-12（3）所示，随着萃取剂体积的增加，萃取效率先上升后稳定。当萃取剂体积为150μL时，回收率较高（150μL后数据差异均不显著，优选体积小的）。因此，本实验选择150μL作为萃取剂体积。

考察了萃取时间分别为30s、60s、90s、120s、150s对萃取效率的影响。结果如图9-12（4）所示，随着萃取时间的增加，萃取效率先上升后稳定。当萃取时间为90s时，回收率较高。因此，本实验选择90s作为萃取时间。

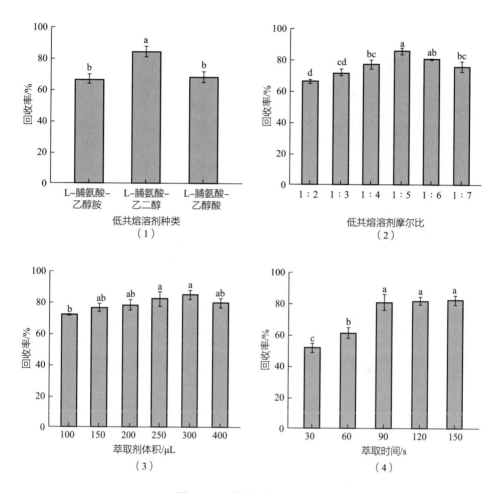

图9-12　前处理条件的优化

2.检测条件的优化

测定了反应体系a（乙酰胆碱酯酶+碘化乙酰硫代胆碱+生物质碳量子点）、反应体系b（灭多威+乙酰胆碱酯酶+碘化乙酰硫代胆碱+生物质碳量子点）的荧光光谱图。结果如图9-13所示，灭多威使反应体系的荧光信号增强。碘化乙酰硫代胆碱的水解产物硫代胆碱带正电，与带负电的生物质碳量子点通过静电作用结合，导致生物质碳量子点聚集，荧光信号降低。灭多威抑制乙酰胆碱酯酶的活性，减少硫代胆碱的产生和生物质碳量子点的聚集，荧光信号增强，验证了灭多威检测方法的可行性。

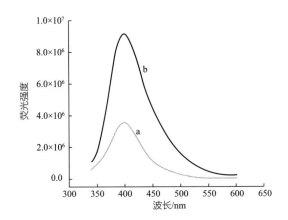

图9-13　不同反应体系的荧光光谱图
a—乙酰胆碱脂酶＋碘化乙酰硫代胆碱＋生物质碳量子点
b—灭多威＋乙酰胆碱脂酶＋碘化乙酰硫代胆碱＋生物质碳量子点

考察了生物质碳量子点种类分别为小米、玉米、小麦、大米对荧光强度的影响。结果如图9-14（1）所示，当生物质碳量子点种类为小米时，荧光强度最大。因此，本实验选择小米作为生物质碳量子点。

考察了碘化乙酰硫代胆碱溶液浓度分别为0.02mmol/L、0.05mmol/L、0.1mmol/L、0.2mmol/L、1mmol/L、2mmol/L、5mmol/L对荧光强度的影响。结果如图9-14（2）所示，随着碘化乙酰硫代胆碱溶液浓度的增加，荧光强度先下降后上升。当碘化乙酰硫代胆碱溶液浓度为1mmol/L时，荧光强度最小。因此，本实验选择1mmol/L作为碘化乙酰硫代胆碱溶液浓度。

考察了乙酰胆碱酯酶溶液浓度分别为5mU/mL、10mU/mL、25mU/mL、50mU/mL、100mU/mL、200mU/mL对荧光强度的影响。结果如图9-14（3）所示，随着乙酰胆碱酯酶溶液浓度的增加，荧光强度先下降后上升。当乙酰胆碱酯酶溶液浓度为50mU/mL时，荧光强度最小。因此，本实验选择50mU/mL作为乙酰胆碱酯酶溶液浓度。

考察了pH分别为6.2、6.6、6.8、7.0、7.4、7.8对荧光强度的影响。结果如图9-14（4）所示，当pH为6.8时，荧光强度最小。因此，本实验pH调至6.8。

考察了反应时间分别为5min、10min、15min、20min、25min、30min对荧光强度的影响。结果如图9-14（5）所示，随着反应时间的增加，荧光强度先降低后稳定。当反应时间为15min时，荧光强度较小（15min后的结果差异不显著，优选时间短的）。因此，本实验选择15min作为反应时间。

考察了孵育时间分别为10min、20min、30min、40min、50min、60min、70min对荧光强度的影响。结果如图9-14（6）所示，随着孵育时间的增加，荧光强度先上升后稳定再下降。当孵育时间为30min时，荧光强度最大（加入农药后信号变化大，实验效果好）。因此，本实验选择30min作为孵育时间。

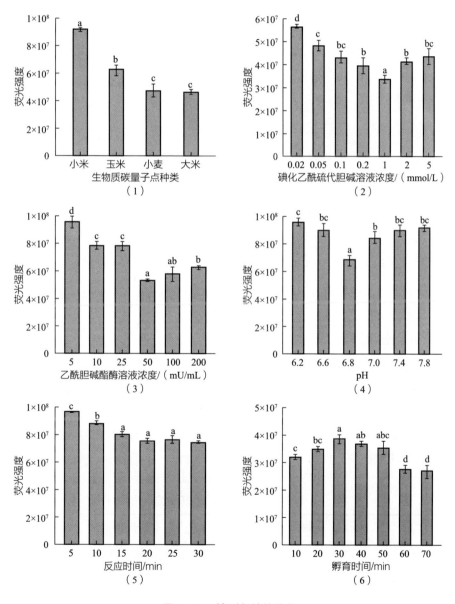

图9-14　检测条件的优化

3.方法评价

在优化后的提取和检测条件下，对所建立方法的校正曲线、决定系数、检出限和定量限进行了评价。以质量浓度为横坐标，平均强度I为纵坐标，计算校正曲线为$y=(5.8668x+29.7291)\times10^6$（图9-15），在0.01~5mg/kg质量浓度范围内决定系数R^2为0.993。以3倍信噪比计算检出限（LOD）为0.003mg/kg，以10倍信噪比计算定量限（LOQ）为0.01mg/kg，表明该方法具有良好的线性范围和灵敏度。

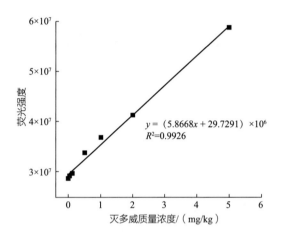

图9-15　灭多威在谷物中的校正曲线

4.实际样品分析

为评价方法的准确度和精密度，将优化后的提取和检测方法应用于谷物（小米、大米、小麦和大麦）中氨基甲酸酯类杀虫剂（灭多威）的残留分析。农药在样品中的含量均低于方法检出限，平均添加回收率在86.5%~107.8%，相对标准偏差（RSD）在1.2%~3.8%（表9-6），表明该方法具有良好的准确度和精密度，可用于谷物中氨基甲酸酯类杀虫剂（灭多威）的残留分析。

表9-6　测定谷物中的灭多威

农药	质量浓度/（mg/kg）	小米		大米		小麦		大麦	
		回收率/%	RSD/%	回收率/%	RSD/%	回收率/%	RSD/%	回收率/%	RSD/%
灭多威	0	—	—	—	—	—	—	—	—

续表

农药	质量浓度 /（mg/kg）	小米		大米		小麦		大麦	
		回收率 /%	RSD/%	回收率 /%	RSD/%	回收率 /%	RSD/%	回收率 /%	RSD/%
灭多威	0.05	98.9	3.1	94.6	2.1	86.5	3.6	96.2	3.8
	0.5	100.8	1.2	102.6	2.5	96.1	3.4	107.8	2.0
	5	101.6	1.3	107.6	1.6	96.4	1.6	105.5	1.4

第四节
低共熔溶剂-QuEChERS萃取技术

本节选取低共熔溶剂（L-脯氨酸-乙醇酸、L-脯氨酸-乙二醇、L-脯氨酸-乙醇胺）作为萃取剂，QuEChERS萃取，建立了一种低共熔溶剂-QuEChERS萃取技术。采用高效液相色谱-二极管阵列检测器进行定量分析。最终，将该前处理和检测技术应用于谷物（燕麦、大麦、黑麦、高粱和小米）中三唑类杀菌剂（三唑酮、戊唑醇和苯醚甲环唑）的残留分析。

一、实验方法

1.低共熔溶剂的制备

将L-脯氨酸和乙二醇按照1∶4的摩尔比加入10mL玻璃离心管中，在80℃的温度下恒温搅拌直至形成均一澄清的液体，制得低共熔溶剂。

2.萃取步骤

将0.5g粉碎后的谷物样品加入10mL离心管中，再加入1mL低共熔溶剂（萃取剂），涡旋60s，将离心管在5000r/min的转速下离心5min，收集萃取剂到0.5mg石墨化碳黑（吸附剂）的离心管中，涡旋30s，完成QuEChERS萃取过程，此时三唑类杀菌剂从样品中转移到萃取剂中。将离心管在5000r/min的转速下离心5min，收集上清液并通过0.22μm的滤膜到色谱进样瓶中。

3.检测步骤

三唑类杀菌剂（三唑酮、戊唑醇和苯醚甲环唑）的分析采用安捷伦1260高效液相色谱-二极管阵列器。进样量为20μL，流动相为甲醇和水（90∶10），流速为0.6mL/min，色谱柱为安捷伦ZORBAX Eclipse Plus C$_{18}$色谱柱（250mm×4.6mm，5μm），柱温为20℃，检测波长为230nm。三唑酮、戊唑醇和苯醚甲环唑的保留时间分别为5.4min、6.3min和7.0min。

二、结果与讨论

1.前处理条件的优化

考察了低共熔溶剂种类分别为L-脯氨酸-乙醇酸、L-脯氨酸-乙二醇、L-脯氨酸-乙醇胺对萃取效率的影响。L-脯氨酸与乙氨酸、乙二酸、乙二胺不能按照1∶4的摩尔比合成低共熔溶剂。结果如图9-16（1）所示，当低共熔溶剂为L-脯氨酸-乙二醇时，回收率最高。因此，本实验选择L-脯氨酸-乙二醇作为低共熔溶剂。

考察了低共熔溶剂摩尔比分别为1∶2、1∶3、1∶4、1∶5、1∶6对萃取效率的影响。结果如图9-16（2）所示，当摩尔比为1∶4时，回收率最高。因此，本实验选择1∶4作为低共熔溶剂摩尔比。

考察了萃取剂体积分别为0.5mL、0.75mL、1.0mL、1.25mL、1.5mL、2.0mL对萃取效率的影响。结果如图9-16（3）所示，随着萃取剂体积的增加，萃取效率先上升后下降。当萃取剂体积为1.0mL时，回收率最高。因此，本实验选择1.0mL作为萃取剂体积。

考察了低共熔溶剂水溶液中低共熔溶剂体积分数分别为100%、80%、60%、40%、20%、0%对萃取效率的影响。将低共熔溶剂与水混合，有助于降低低共熔溶剂的黏度。结果如图9-16（4）所示，随着低共熔溶剂体积分数的减少，萃取效率逐渐下降。因此，本实验不需要将低共熔溶剂与水混合。

考察了萃取时间分别为0s、30s、60s、90s、120s对萃取效率的影响。结果如图

9-16（5）所示，随着萃取时间的增加，萃取效率先上升后稳定。当萃取时间为60s时，回收率最高。因此，本实验选择60s作为萃取时间。

考察了氯化钠用量分别为0mg、250mg、500mg、750mg、1000mg对萃取效率的影响。结果表明，随着氯化钠用量的增加，萃取效率逐渐下降。因此，本实验不需要添加氯化钠。

考察了吸附剂用量分别为0mg、0.5mg、1mg、2mg、5mg、10mg、20mg对萃取效率的影响。石墨化碳黑吸附剂对谷物的净化效果强于N-丙基乙二胺吸附剂和C_{18}吸附剂。结果如图9-16（6）所示，随着吸附剂用量的增加，萃取效率先上升后下降。当吸附剂用量为0.5mg时，回收率最高。因此，本实验选择0.5mg作为吸附剂用量。

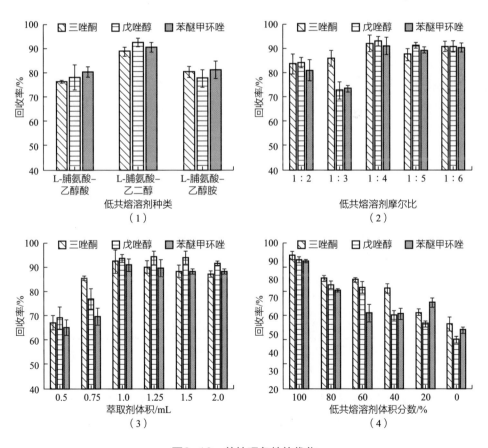

图9-16　前处理条件的优化

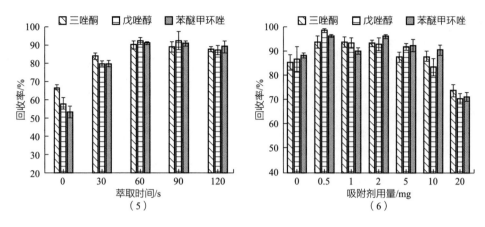

图9-16 前处理条件的优化（续）

2. 方法评价

在优化后的提取和检测条件下，对所建立方法的校正曲线、决定系数、检出限和定量限进行了评价。以质量浓度为横坐标，平均峰面积为纵坐标，计算校正曲线如表9-7所示，在2~400mg/kg质量浓度范围内决定系数R^2大于0.999。以3倍信噪比计算检出限（LOD）为0.67mg/kg，以10倍信噪比计算定量限（LOQ）为2mg/kg，表明该方法具有良好的线性范围和灵敏度。

表9-7 三唑类杀菌剂在谷物中的校正曲线、检出限和定量限

农药	校正曲线	R^2	LOD/（mg/L）	LOQ/（mg/L）
三唑酮	$y = 0.071x + 0.3087$	0.999	0.67	2
戊唑醇	$y = 0.071x - 0.1156$	0.999	0.67	2
苯醚甲环唑	$y = 0.194x - 0.4624$	0.999	0.67	2

3. 实际样品分析

为评价方法的准确度和精密度，将优化后的提取和检测方法应用于谷物（燕麦、大麦、黑麦、高粱和小米）中三唑类杀菌剂（三唑酮、戊唑醇和苯醚甲环唑）的残留分析。农药在样品中的含量均低于方法检出限，平均添加回收率在81.1%~106.8%，相对标准偏差（RSD）在1.4%~5.0%（表9-8），表明该方法具有良

好的准确度和精密度，可用于谷物中三唑类杀菌剂的残留分析。

表9-8　测定谷物中的三唑类杀菌剂

农药	质量浓度 / (mg/kg)	燕麦		大麦		黑麦		高粱		小米	
		回收率 /%	RSD/%	回收率 /%	RSD/%	回收率 /%	RSD/%	回收率 /%	RSD/%	回收率 /%	RSD/%
三唑酮	0	—	—	—	—	—	—	—	—	—	—
	2	89.4	3.0	89.3	2.2	101.9	2.6	88.3	4.2	104.2	2.3
	10	81.5	1.4	93.3	2.8	93.0	3.5	90.0	1.8	99.4	2.6
戊唑醇	0	—	—	—	—	—	—	—	—	—	—
	2	95.8	4.7	98.9	2.9	78.8	1.9	78.7	1.9	80.4	5.0
	10	92.4	2.5	96.2	2.6	91.4	2.2	89.0	2.2	87.3	4.0
苯醚甲环唑	0	—	—	—	—	—	—	—	—	—	—
	2	104.6	3.8	105.8	4.0	95.6	4.8	106.8	2.8	84.6	4.2
	10	81.1	3.2	83.1	3.4	91.3	2.1	98.9	3.0	95.5	3.1

参考文献

[1] 潘灿平. 农药分析化学 [M]. 北京: 化学工业出版社, 2022.

[2] Yamini Y., Rezazadeh M., Seidi S. Liquid−phase microextraction−The different principles and configurations [J]. Trac−Trends in Analytical Chemistry, 2019 (112): 264−272.

[3] Jeannot M.A., Cantwell F.F. Solvent microextraction into a single drop [J]. Analytical Chemistry, 1996 (68): 2236−2240.

[4] Jeannot M.A., Cantwell F.F. Mass transfer characteristics of solvent extraction into a single drop at the tip of a syringe needle [J]. Analytical Chemistry, 1997 (69): 235−239.

[5] Jeannot M.A., Przyjazny A., Kokosa J.M. Single drop microextraction−Development, applications and future trends [J]. Journal of Chromatography A, 2010 (1217): 2326−2336.

[6] Pedersen−Bjergaard S., Rasmussen K.E. Liquid−liquid−liquid microextraction for sample preparation of biological fluids prior to capillary electrophoresis [J]. Analytical Chemistry, 1999 (71): 2650−2656.

[7] Esrafili A., Yamini Y., Ghambarian M., et al. Dynamic three−phase hollow fiber microextraction based on two immiscible organic solvents with automated movement of the acceptor phase [J]. Journal of Separation Science, 2011 (34): 98−106.

[8] Kannouma R.E., Hammad M.A., Kamal A.H., et al. Miniaturization of Liquid−Liquid extraction; the barriers and the enablers [J]. Microchemical Journal, 2022 (182).

[9] Rezaee M., Assadi Y., Hosseinia M.R.M., et al. Determination of organic compounds in water using dispersive liquid−liquid microextraction [J]. Journal of Chromatography A, 2006 (1116): 1−9.

[10] Matkovich C.E., Christian G.D. Salting−out of acetone from water. Basis of a new solvent extraction system [J]. Analytical Chemistry, 1973 (45): 1915−1921.

[11] Gupta M., Jain A., Verma K.K. Salt-assisted liquid-liquid microextraction with water-miscible organic solvents for the determination of carbonyl compounds by high-performance liquid chromatography[J] . Talanta, 2009（80）: 526-531.

[12] Ramezani A.M., Ahmadi R., Yamini Y. Homogeneous liquid-liquid microextraction based on deep eutectic solvents [J] . Trac-Trends in Analytical Chemistry, 2022（149）.

[13] Campillo N., Vinas P., Sandrejova J., et al. Ten years of dispersive liquid-liquid microextraction and derived techniques[J] . Applied Spectroscopy Reviews, 2017（52）: 267-415.

[14] Kokosa J.M. Selecting an extraction solvent for a greener liquid phase microextraction（LPME）mode-based analytical method [J] . Trac-Trends in Analytical Chemistry, 2019（118）: 238-247.

[15] Li Z., Smith K.H., Stevens G.W. The use of environmentally sustainable bio-derived solvents in solvent extraction applications-A review[J] . Chinese Journal of Chemical Engineering, 2016（24）: 215-220.

[16] Abbott A.P., Capper G., Davies D.L., et al. Preparation of novel, moisture-stable, Lewis-acidic ionic liquids containing quaternary ammonium salts with functional side chains[J] . Chemical Communications, 2001: 2010-2011.

[17] Abbott A.P., Capper G., Davies D.L., et al. Novel solvent properties of choline chloride/urea mixtures[J] . Chemical Communications, 2003: 70-71.

[18] van Osch D., Zubeir L.F., van den Bruinhorst A., et al. Hydrophobic deep eutectic solvents as water-immiscible extractants [J] . Green Chemistry, 2015（17）: 4518-4521.

[19] Ribeiro B.D., Florindo C., Iff L.C., et al. Menthol-based Eutectic Mixtures: Hydrophobic Low Viscosity Solvents [J] . Acs Sustainable Chemistry & Engineering, 2015（3）: 2469-2477.

[20] Gutierrez M.C., Ferrer M.L., Mateo C.R., et al. Freeze-Drying of Aqueous Solutions of Deep Eutectic Solvents: A Suitable Approach to Deep Eutectic Suspensions of Self-Assembled Structures [J] . Langmuir, 2009（25）: 5509-5515.

[21] Peeters N., Janssens K., de Vos D., et al. Choline chloride-ethylene glycol based deep-eutectic solvents as lixiviants for cobalt recovery from lithium-ion battery cathode materials: are these solvents really green in high-temperature processes?

[J] . Green Chemistry, 2022（24）: 6685-6695.

[22] Shahbaz K., Baroutian S., Mjalli F.S., et al. Densities of ammonium and phosphonium based deep eutectic solvents: Prediction using artificial intelligence and group contribution techniques [J] . Thermochimica Acta, 2012（527）: 59-66.

[23] Huang K.J., Wang H., Ma M., et al. Ultrasound-assisted liquid-phase microextraction and high-performance liquid chromatographic determination of nitric oxide produced in PC12 cells using 1,3,5,7-tetramethyl-2,6-dicarbethoxy-8-（3′, 4′-diaminophenyl）-difluoroboradiaza-s-indacene [J] . Journal of Chromatography A, 2006（1103）: 193-201.

[24] Regueiro J., Llompart M., Garcia-Jares C., et al. Ultrasound-assisted emulsification-microextraction of emergent contaminants and pesticides in environmental waters [J] . Journal of Chromatography A, 2008（1190）: 27-38.

[25] Yiantzi E., Psillakis E., Tyrovola K., et al. Vortex-assisted liquid-liquid microextraction of octylphenol, nonylphenol and bisphenol-A [J] . Talanta, 2010（80）: 2057-2062.

[26] Psillakis E. Vortex-assisted liquid-liquid microextraction revisited [J] . Trac-Trends in Analytical Chemistry, 2019（113）: 332-339.

[27] Farajzadeh M.A., Mogaddam M.R.A. Air-assisted liquid-liquid microextraction method as a novel microextraction technique; Application in extraction and preconcentration of phthalate esters in aqueous sample followed by gas chromatography-flame ionization detection [J] . Analytica Chimica Acta, 2012（728）: 31-38.

[28] Lasarte-Aragones G., Lucena R., Cardenas S., et al. Effervescence assisted dispersive liquid-liquid microextraction with extractant removal by magnetic nanoparticles [J] . Analytica Chimica Acta, 2014（807）: 61-66.

[29] Chen H., Chen R.W., Li S.Q. Low-density extraction solvent-based solvent terminated dispersive liquid-liquid microextraction combined with gas chromatography-tandem mass spectrometry for the determination of carbamate pesticides in water samples [J] . Journal of Chromatography A, 2010（1217）: 1244-1248.

[30] Mansour F.R., Danielson N.D. Solvent-terminated dispersive liquid-liquid microextraction: a tutorial [J] . Analytica Chimica Acta, 2018（1016）: 1-11.

[31] Caldas S.S., Rombaldi C., Arias J.L.D., et al. Multi-residue method for determination of 58 pesticides, pharmaceuticals and personal care products in water using solvent demulsification dispersive liquid-liquid microextraction combined with liquid chromatography-tandem mass spectrometry [J] . Talanta, 2016（146）: 676-688.

[32] Hayashi S., Hamaguchi H.O. Discovery of a magnetic ionic liquid [bmim] FeCl$_4$ [J] . Chemistry Letters, 2004（33）: 1590-1591.

[33] Khezeli T., Daneshfar A. Synthesis and application of magnetic deep eutectic solvents: Novel solvents for ultrasound assisted liquid-liquid microextraction of thiophene [J] . Ultrasonics Sonochemistry, 2017（38）: 590-597.

[34] Farajzadeh M.A., Seyedi S.E., Shalamzari M.S., et al. Dispersive liquid-liquid microextraction using extraction solvent lighter than water [J] . Journal of Separation Science, 2009（32）: 3191-3200.

[35] Saleh A., Yamini Y., Faraji M., et al. Ultrasound-assisted emulsification microextraction method based on applying low density organic solvents followed by gas chromatography analysis for the determination of polycyclic aromatic hydrocarbons in water samples [J] . Journal of Chromatography A, 2009（1216）: 6673-6679.

[36] Zanjani M.R.K., Yamini Y., Shariati S., et al. A new liquid-phase microextraction method based on solidification of floating organic drop [J] . Analytica Chimica Acta, 2007（585）: 286-293.

[37] Leong M.I., Huang S.D. Dispersive liquid-liquid microextraction method based on solidification of floating organic drop combined with gas chromatography with electron-capture or mass spectrometry detection [J] . Journal of Chromatography A, 2008（1211）: 8-12.

[38] Mansour F.R., Danielson N.D. Solidification of floating organic droplet in dispersive liquid-liquid microextraction as a green analytical tool [J] . Talanta, 2017（170）: 22-35.

[39] Jahromi E.Z., Bidari A., Assadi Y., et al. Dispersive liquid-liquid microextraction combined with graphite furnace atomic absorption spectrometry-Ultra trace determination of cadmium in water samples [J] . Analytica Chimica Acta, 2007（585）: 305-311.

[40] Sharifi V., Abbasi A., Nosrati A. Application of hollow fiber liquid phase microextraction and dispersive liquid-liquid microextraction techniques in

analytical toxicology [J] . Journal of Food and Drug Analysis, 2016（24）: 264-276.

[41] 赵文霏, 井冲冲, 荆旭, 等. 离子液体分散液液微萃取-水相固化-高效液相色谱法测定食用菌中3种拟除虫菊酯类农药的残留量 [J] . 理化检验（化学分册）, 2020（56）: 577-582.

[42] 武文英, 任丽媛, 赵文霏, 等. 分散液液微萃取-悬浮固化-液相色谱法测定杂粮中的4种农药残留 [J] . 分析科学学报, 2020（36）: 240-244.

[43] Huang X., Du Z.Y., Wu B.Q., et al. Dispersive liquid-liquid microextraction based on the solidification of floating organic droplets for HPLC determination of three strobilurin fungicides in cereals [J] . Food Additives and Contaminants Part a-Chemistry Analysis Control Exposure & Risk Assessment, 2020（37）: 1279-1288.

[44] Xue J.Y., Li H.C., Liu F.M., et al. Determination of strobilurin fungicides in cotton seed by combination of acetonitrile extraction and dispersive liquid-liquid microextraction coupled with gas chromatography [J] . Journal of Separation Science, 2014（37）: 845-852.

[45] Pastor-Belda M., Garrido I., Campillo N., et al. Combination of solvent extractants for dispersive liquid-liquid microextraction of fungicides from water and fruit samples by liquid chromatography with tandem mass spectrometry [J] . Food Chemistry, 2017（233）: 69-76.

[46] Szarka A., Turkova D., Hrouzkova S. Dispersive liquid-liquid microextraction followed by gas chromatography-mass spectrometry for the determination of pesticide residues in nutraceutical drops [J] . Journal of Chromatography A, 2018（1570）: 126-134.

[47] Xu J., Jing W., Huihui W., et al. Bio-derived solvent-based dispersive liquid-liquid microextraction followed by smartphone digital image colorimetry for the detection of carbofuran in cereals [J] . Journal of Food Composition and Analysis, 2022（114）.

[48] Dagli F.J.G., Conrado J.A.M., Silva L.A.J., et al. A salting-out assisted liquid-liquid extraction for the determination of tebuconazole, carbofuran and imidacloprid in white and rose wines [J] . Quimica Nova, 2020（43）: 923-927.

[49] Navickiene S., Santos L.F.S., Silva A.D. Use of Magnesium Silicate as a New Type of Adsorbent for Dispersive Solid-Phase Extraction Cleanup of the Quick, Cheap, Effective, Rugged, and Safe Method for Pesticides During Analysis of

Lager Beer by Gas Chromatography-Tandem Mass Spectrometry［J］. Journal of Aoac International, 2019（102）: 619-624.

[50] Ravelo-Perez L.M., Hernandez-Borges J., Asensio-Ramos M., et al. Ionic liquid based dispersive liquid-liquid microextraction for the extraction of pesticides from bananas［J］. Journal of Chromatography A, 2009（1216）: 7336-7345.

[51] Sahu D.K., Banjare M.K., Banjare R.K., et al. Colorimetric technique for the detection of carbofuran and its application in various environmental samples［J］. Journal of the Indian Chemical Society, 2021（98）.

[52] Jiang H., Bi X., Huang X., et al. Cyclodextrin-assisted dispersive liquid-liquid microextraction based on solidification of floating organic droplets coupled with HPLC for the determination of pyrethroid residues in cereals［J］. Acta Chromatographica, 2022.

[53] Zhao W.F., Jing X., Chang M.C., et al. Vortex-assisted Emulsification Microextraction for the Determination of Pyrethroids in Mushroom［J］. Bulletin of the Korean Chemical Society, 2019（40）: 943-950.

[54] Wang K., Xie X.J., Zhang Y., et al. Combination of microwave-assisted extraction and ultrasonic-assisted dispersive liquid-liquid microextraction for separation and enrichment of pyrethroids residues in Litchi fruit prior to HPLC determination［J］. Food Chemistry, 2018（240）: 1233-1242.

[55] Chen Z.X., Li Q., Yang T.C., et al. Sequential extraction and enrichment of pesticide residues in Longan fruit by ultrasonic-assisted aqueous two-phase extraction linked to vortex-assisted dispersive liquid-liquid microextraction prior to high performance liquid chromatography analysis［J］. Journal of Chromatography A, 2020（1619）.

[56] Wu B.Q., Guo Z.Y., Li X.T., et al. Analysis of pyrethroids in cereals by HPLC with a deep eutectic solvent-based dispersive liquid-liquid microextraction with solidification of floating organic droplets［J］. Analytical Methods, 2021（13）: 636-641.

[57] 薛皓月, 刘海龙, 贾丽艳, 等. 低共熔溶剂分散液液微萃取-悬浮固化-高效液相色谱法测定水产品中3种内分泌干扰物的含量［J］. 理化检验（化学分册）, 2022（58）: 279-284.

[58] Jing X., Huang X., Zhang Y.M., et al. Cyclodextrin-based dispersive liquid-liquid microextraction for the determination of fungicides in water, juice, and vinegar samples via HPLC［J］. Food Chemistry, 2022（367）.

[59] Mafra G., Will C., Huelsmann R., et al. A proof-of-concept of parallel single-drop microextraction for the rapid and sensitive biomonitoring of pesticides in urine [J] . Journal of Separation Science, 2021 (44): 1969-1977.

[60] Jing X., Zhang J.Y., Zhu J.L., et al. Effervescent-assisted dispersive liquid-liquid microextraction based on the solidification of floating organic droplets for the determination of fungicides in vinegar and juice [J] . Food Additives and Contaminants Part a-Chemistry Analysis Control Exposure & Risk Assessment, 2018 (35): 2128-2134.

[61] Zhang Y.H., Zhang Y., Zhao Q.Y., et al. Vortex-Assisted Ionic Liquid Dispersive Liquid-Liquid Microextraction Coupled with High-Performance Liquid Chromatography for the Determination of Triazole Fungicides in Fruit Juices [J] . Food Analytical Methods, 2016 (9): 596-604.

[62] Scheel G.L., Tarley C.R.T. Simultaneous microextraction of carbendazim, fipronil and picoxystrobin in naturally and artificial occurring water bodies by water-induced supramolecular solvent and determination by HPLC-DAD [J] . Journal of Molecular Liquids, 2020 (297) .

[63] Yildiz E., Cabuk H. A new solidified effervescent tablet-assisted dispersive liquid-liquid microextraction for the analysis of fungicides in fruit juice samples [J] . Analytical Methods, 2018 (10): 330-337.

[64] Chen X.C., Zhang X., Liu F.M., et al. Binary-solvent-based ionic-liquid-assisted surfactant-enhanced emulsification microextraction for the determination of four fungicides in apple juice and apple vinegar [J] . Journal of Separation Science, 2017 (40): 901-908.

[65] Liu B.B., Li P., Wang Y.L., et al. Quantum Dot Submicrobead-Based Immunochromatographic Assay for the Determination of Parathion in Agricultural Products [J] . Food Analytical Methods, 2020 (13): 1736-1745.

[66] Huang X.C., Ma J.K., Feng R.X., et al. Simultaneous determination of five organophosphorus pesticide residues in different food samples by solid-phase microextraction fibers coupled with high-performance liquid chromatography [J] . Journal of the Science of Food and Agriculture, 2019 (99): 6998-7007.

[67] Li G.L., Wen A., Liu J.H., et al. Facile extraction and determination of organophosphorus pesticides in vegetables via magnetic functionalized covalent organic framework nanocomposites [J] . Food Chemistry, 2021 (337) .

[68] Jing X., Xue H.Y., Sang X.Y., et al. Magnetic deep eutectic solvent-based

dispersive liquid-liquid microextraction for enantioselectively determining chiral mefentrifluconazole in cereal samples via ultra-high-performance liquid chromatography[J]. Food Chemistry, 2022（391）.

[69] Li T.T., Li H.L., Liu T.T., et al. Evaluation of the antifungal and biochemical activities of mefentrifluconazole against Botrytis cinerea [J]. Pesticide Biochemistry and Physiology, 2021（173）.

[70] Liu Z.Q., Cheng Y.P., Yuan L.F., et al. Enantiomeric profiling of mefentrifluconazole in watermelon across China: Enantiochemistry, environmental fate, storage stability, and comparative dietary risk assessment [J]. Journal of Hazardous Materials, 2021（417）.

[71] Li X., Zeng D.B., Liao Y.Y., et al. Magnetic nanoparticle-assisted in situ ionic liquid dispersive liquid-liquid microextraction of pyrethroid pesticides in urine samples[J]. Microchemical Journal, 2020（159）.

[72] Zhang Y., Wu X.H., Li X.B., et al. A fast and sensitive ultra-high-performance liquid chromatography-tandem mass spectrometry method for determining mefentrifluconazole in plant- and animal-derived foods[J]. Food Additives and Contaminants Part a-Chemistry Analysis Control Exposure & Risk Assessment, 2019（36）: 1348-1357.

[73] Xu J., Xin H., Huihui W., et al. Popping candy-assisted dispersive liquid-liquid microextraction for enantioselective determination of prothioconazole and its chiral metabolite in water, beer, Baijiu, and vinegar samples by HPLC [J]. Food Chemistry, 2021（348）.

[74] Liu H., Yao G.J., Liu X.K., et al. Approach for Pesticide Residue Analysis for Metabolite Prothioconazole-desthio in Animal Origin Food [J]. Journal of Agricultural and Food Chemistry, 2017（65）: 2481-2487.

[75] Han Y.T., Song L., Liu S.W., et al. Simultaneous determination of 124 pesticide residues in Chinese liquor and liquor-making raw materials（ sorghum and rice hull）by rapid Multi-plug Filtration Cleanup and gas chromatography-tandem mass spectrometry[J]. Food Chemistry, 2018（241）: 258-267.

[76] Yang J.L., Fan C., Kong D.D., et al. Synthesis and application of imidazolium-based ionic liquids as extraction solvent for pretreatment of triazole fungicides in water samples [J]. Analytical and Bioanalytical Chemistry, 2018（410）: 1647-1656.

[77] Du J.J., Yan H.Y., She D.D., et al. Simultaneous determination of cypermethrin

and permethrin in pear juice by ultrasound-assisted dispersive liquid-liquid microextraction combined with gas chromatography [J] . Talanta, 2010（82）: 698-703.

[78] Xu X., Su R., Zhao X., et al. Ionic liquid-based microwave-assisted dispersive liquid-liquid microextraction and derivatization of sulfonamides in river water, honey, milk, and animal plasma [J] . Analytica Chimica Acta, 2011（707）: 92-99.

[79] Boonchiangma S., Ngeontae W., Srijaranai S. Determination of six pyrethroid insecticides in fruit juice samples using dispersive liquid-liquid microextraction combined with high performance liquid chromatography [J] . Talanta, 2012（88）: 209-215.

[80] Zhang Y.H., Zhang X.L., Jiao B.N. Determination of ten pyrethroids in various fruit juices: Comparison of dispersive liquid-liquid microextraction sample preparation and QuEChERS method combined with dispersive liquid-liquid microextraction [J] . Food Chemistry, 2014（159）: 367-373.

[81] Deng W.W., Zong Y., Xiao Y.X. Hexafluoroisopropanol-Based Deep Eutectic Solvent/Salt Aqueous Two-Phase Systems for Extraction of Anthraquinones from Rhei Radix et Rhizoma Samples [J] . Acs Sustainable Chemistry & Engineering, 2017（5）: 4267-4275.

[82] Toloza C.A.T., Almeida J.M.S., Silva L.O.P., et al. Determination of Kresoxim-Methyl in Water and in Grapes by High-Performance Liquid Chromatography（HPLC）Using Photochemical-Induced Fluorescence and Dispersive Liquid-Liquid Microextraction（DLLME）[J] . Analytical Letters, 2020（53）: 2202-2221.

[83] Ahmadi-Jouibari T., Shaahmadi Z., Moradi M., et al. Extraction and determination of strobilurin fungicides residues in apple samples using ultrasound-assisted dispersive liquid-liquid microextraction based on a novel hydrophobic deep eutectic solvent followed by HPLC-U.V [J] . Food Additives and Contaminants Part a-Chemistry Analysis Control Exposure & Risk Assessment, 2022（39）: 105-115.

[84] Jia L.Y., Huang X., Zhao W.F., et al. An effervescence tablet-assisted microextraction based on the solidification of deep eutectic solvents for the determination of strobilurin fungicides in water, juice, wine, and vinegar samples by HPLC [J] . Food Chemistry, 2020（317）.

[85] Jia L.Y., Yang J.R., Zhao W.F., et al. Air-assisted ionic liquid dispersive liquid-liquid microextraction based on solidification of the aqueous phase for the determination of triazole fungicides in water samples by high-performance liquid chromatography [J] . Rsc Advances, 2019 (9): 36664-36669.

[86] Tang T., Qian K., Shi T.Y., et al. Determination of triazole fungicides in environmental water samples by high performance liquid chromatography with cloud point extraction using polyethylene glycol 600 monooleate [J] . Analytica Chimica Acta, 2010 (680): 26-31.

[87] Wang C., Wu Q.H., Wu C.X., et al. Application of dispersion-solidification liquid-liquid microextraction for the determination of triazole fungicides in environmental water samples by high-performance liquid chromatography [J] . Journal of Hazardous Materials, 2011 (185): 71-76.

[88] Wei Q.Z., Song Z.Y., Nie J., et al. Tablet-effervescence-assisted dissolved carbon flotation for the extraction of four triazole fungicides in water by gas chromatography with mass spectrometry [J] . Journal of Separation Science, 2016 (39): 4603-4609.

[89] Farajzadeh M.A., Djozan D., Nouri N., et al. Coupling stir bar sorptive extraction-dispersive liquid-liquid microextraction for preconcentration of triazole pesticides from aqueous samples followed by GC-FID and GC-MS determinations [J] . Journal of Separation Science, 2010 (33): 1816-1828.

[90] Wang H.H., Wang Y., Jing X., et al. Air-assisted liquid-liquid micro-extraction based on the solidification of a floating organic droplet for the determination of three strobilurin fungicides in water samples [J] . International Journal of Environmental Analytical Chemistry, 2020: 1-11.

[91] Likas D.T., Tsiropoulos N.G. Residue screening in apple, grape and wine food samples for seven new pesticides using HPLC with UV detection. An application to trifloxystrobin dissipation in grape and wine [J] . International Journal of Environmental Analytical Chemistry, 2009 (89): 857-869.

[92] Liang P., Wang F., Wan Q. Ionic liquid-based ultrasound-assisted emulsification microextraction coupled with high performance liquid chromatography for the determination of four fungicides in environmental water samples [J] . Talanta, 2013 (105): 57-62.

[93] Yang M.Y., Xi X.F., Wu X.L., et al. Vortex-assisted magnetic beta-cyclodextrin/attapulgite-linked ionic liquid dispersive liquid-liquid microextraction coupled

with high‐performance liquid chromatography for the fast determination of four fungicides in water samples [J] . Journal of Chromatography A, 2015（1381）: 37‐47.

[94] Jing X., Yang L., Zhao W.F., et al. Evaporation‐assisted dispersive liquid‐liquid microextraction based on the solidification of floating organic droplets for the determination of triazole fungicides in water samples by high‐performance liquid chromatography[J] . Journal of Chromatography A, 2019（1597）: 46‐53.

[95] Bordagaray A., Garcia‐Arrona R., Millan E. Determination of Triazole Fungicides in Liquid Samples Using Ultrasound‐Assisted Emulsification Microextraction with Solidification of Floating Organic Droplet Followed by High‐Performance Liquid Chromatography[J] . Food Analytical Methods, 2014（7）: 1195‐1203.

[96] Amde M., Tan Z.Q., Liu R., et al. Nanofluid of zinc oxide nanoparticles in ionic liquid for single drop liquid microextraction of fungicides in environmental waters prior to high performance liquid chromatographic analysis [J] . Journal of Chromatography A, 2015（1395）: 7‐15.

[97] Wu B.Q., Niu Y., Bi X.Y., et al. Rapid analysis of triazine herbicides in fruit juices using evaporation‐assisted dispersive liquid‐liquid microextraction with solidification of floating organic droplets and HPLC‐DAD [J] . Analytical Methods, 2022（14）: 1329‐1334.

[98] Su R., Li D., Wu L.J., et al. Determination of triazine herbicides in juice samples by microwave‐assisted ionic liquid/ionic liquid dispersive liquid‐liquid microextraction coupled with high‐performance liquid chromatography [J] . Journal of Separation Science, 2017（40）: 2950‐2958.

[99] Wei D., Huang Z.H., Wang S.L., et al. Determination of Herbicides in Milk Using Vortex‐Assisted Surfactant‐Enhanced Emulsification Microextraction Based on the Solidification of a Floating Organic Droplet [J] . Food Analytical Methods, 2016（9）: 427‐436.

[100] Ahmadi‐Jouibari T., Pasdar Y., Pirsaheb M., et al. Continuous sample drop flow‐microextraction followed by high performance liquid chromatography for determination of triazine herbicides from fruit juices [J] . Analytical Methods, 2017（9）: 980‐985.

[101] Farajzadeh M.A., Alavian A.S., Dabbagh M.S. Application of vortex‐assisted liquid‐liquid microextraction based on solidification of floating organic droplets for determination of some pesticides in fruit juice samples [J] . Analytical

Methods, 2018（10）: 5842−5850.

[102] You X.W., Xing Z.K., Liu F.M., et al. Air−assisted liquid−liquid microextraction by solidifying the floating organic droplets for the rapid determination of seven fungicide residues in juice samples［J］. Analytica Chimica Acta, 2015（875）: 54−60.

[103] Jing X., Xue H.Y., Huang X., et al. An Effervescence−assisted Centrifuge−less Dispersive Liquid−Phase Microextraction Based on Solidification of Switchable Hydrophilicity Solvents for Detection of Alkylphenols in Drinks［J］. Chinese Journal of Analytical Chemistry, 2021（49）: E21065−E21071.

[104] Shi Z.H., Huai Q.R., Li X.Y., et al. Combination of Counter Current Salting−Out Homogenous Liquid−Liquid Extraction with Dispersive Liquid−Liquid Microextraction for the High−Performance Liquid Chromatographic Determination of Environmental Estrogens in Water Samples［J］. Journal of Chromatographic Science, 2020（58）: 171−177.

[105] Jiang Y.H., Zhang X.L., Tang T.T., et al. Determination of Endocrine Disruptors in Environmental Water by Single−Drop Microextraction and High−Performance Liquid Chromatography［J］. Analytical Letters, 2015（48）: 710−725.

[106] Yang D.Z., Wang Y.D., Peng J.B., et al. A green deep eutectic solvents microextraction coupled with acid−base induction for extraction of trace phenolic compounds in large volume water samples［J］. Ecotoxicology and Environmental Safety, 2019（178）: 130−136.

[107] Luo X.L., Hong J.J., Zheng H., et al. A rapid synergistic cloud point extraction for nine alkylphenols in water using high performance liquid chromatography and fluorescence detection［J］. Journal of Chromatography A, 2020（1611）.

[108] Jing X., Wang H.H., Huang X., et al. Digital image colorimetry detection of carbaryl in food samples based on liquid phase microextraction coupled with a microfluidic thread−based analytical device［J］. Food Chemistry, 2021（337）.

[109] Nilghaz A., Wicaksono D.H.B., Gustiono D., et al. Flexible microfluidic cloth−based analytical devices using a low−cost wax patterning technique［J］. Lab on a Chip, 2012（12）: 209−218.

[110] Balsini P., Parastar H. Development of multi−response optimization and quadratic calibration curve for determination of ten pesticides in complex sample matrices using QuEChERS dispersive liquid−liquid microextraction followed by gas chromatography［J］. Journal of Separation Science, 2019（42）: 3553−3562.

[111] Kongphonprom K., Burakham R. Determination of Carbamate Insecticides in Water, Fruit, and Vegetables by Ultrasound-ssisted Dispersive Liquid-Liquid Microextraction and High Performance Liquid Chromatography [J]. Analytical Letters, 2016（49）: 753-767.

[112] Farajzadeh M.A., Bamorowat M., Mogaddam M.R.A. Development of a dispersive liquid-liquid microextraction method based on solidification of a floating ionic liquid for extraction of carbamate pesticides from fruit juice and vegetable samples [J]. Rsc Advances, 2016（6）: 112939-112948.

[113] Alothman Z.A., Yilmaz E., Habila M.A., et al. Development of combined-supramolecular microextraction with ultra-performance liquid chromatography-tandem mass spectrometry procedures for ultra-trace analysis of carbaryl in water, fruits and vegetables [J]. International Journal of Environmental Analytical Chemistry, 2022（102）: 1491-1501.

[114] Jing X., He J.H., Zhao W.F., et al. Effervescent tablet-assisted switchable hydrophilicity solvent-based microextraction with solidification of floating organic droplets for HPLC determination of phenolic endocrine disrupting chemicals in bottled beverages [J]. Microchemical Journal, 2020（155）.

[115] Li Y.T., Yang C., Ning J.Y., et al. Cloud point extraction for the determination of bisphenol A, bisphenol AF and tetrabromobisphenol A in river water samples by high-performance liquid chromatography [J]. Analytical Methods, 2014（6）: 3285-3290.

[116] Loh S.H., Ong S.T., Ngu M.L., et al. Rapid Extraction of Bisphenol A by Dispersive Liquid-Liquid Microextraction based on Solidification of Floating Organic [J]. Sains Malaysiana, 2017（46）: 615-621.

[117] Gao M., Qu J.G., Chen K., et al. Salting-out-enhanced ionic liquid microextraction with a dual-role solvent for simultaneous determination of trace pollutants with a wide polarity range in aqueous samples [J]. Analytical and Bioanalytical Chemistry, 2017（409）: 6287-6303.

[118] Zhou Q.H., Jin Z.H., Li J., et al. A novel air-assisted liquid-liquid microextraction based on in-situ phase separation for the HPLC determination of bisphenols migration from disposable lunch boxes to contacting water [J]. Talanta, 2018（189）: 116-121.

[119] Wang X.R., Gao M., Zhang Z.N., et al. Development of CO_2-Mediated Switchable Hydrophilicity Solvent-Based Microextraction Combined with

HPLC-UV for the Determination of Bisphenols in Foods and Drinks [J] . Food Analytical Methods, 2018（11）: 2093-2104.

[120] Li S.Q., Yang X.L., Hu L., et al. Directly suspended-solidified floating organic droplets for the determination of fungicides in water and honey samples [J] . Analytical Methods, 2014（6）: 7510-7517.

[121] You X.W., Wang S.L., Liu F.M., et al. Ultrasound-assisted surfactant-enhanced emulsification microextraction based on the solidification of a floating organic droplet used for the simultaneous determination of six fungicide residues in juices and red wine [J] . Journal of Chromatography A, 2013（1300）: 64-69.

[122] Liang P., Liu G.J., Wang F., et al. Ultrasound-assisted surfactant-enhanced emulsification microextraction with solidification of floating organic droplet followed by high performance liquid chromatography for the determination of strobilurin fungicides in fruit juice samples [J] . Journal of Chromatography B-Analytical Technologies in the Biomedical and Life Sciences, 2013（926）: 62-67.

[123] Yang X.L., Yang M.Y., Hou B., et al. Optimization of dispersive liquid-liquid microextraction based on the solidification of floating organic droplets using an orthogonal array design and its application for the determination of fungicide concentrations in environmental water samples [J] . Journal of Separation Science, 2014（37）: 1996-2001.

[124] Jing X., Cheng X.Y., Zhao W.F., et al. Magnetic effervescence tablet-assisted switchable hydrophilicity solvent-based liquid phase microextraction of triazine herbicides in water samples [J] . Journal of Molecular Liquids, 2020（306）.

[125] Liu T.T., Cao P., Geng J.P., et al. Determination of triazine herbicides in milk by cloud point extraction and high-performance liquid chromatography [J] . Food Chemistry, 2014（142）: 358-364.

[126] Rodriguez-Gonzalez N., Beceiro-Gonzalez E., Gonzalez-Castro M.J., et al. An environmentally friendly method for the determination of triazine herbicides in estuarine seawater samples by dispersive liquid- liquid microextraction [J] . Environmental Science and Pollution Research, 2015（22）: 618-626.

[127] Tian H.Z., Bai X.S., Xu J. Simultaneous determination of simazine, cyanazine, and atrazine in honey samples by dispersive liquid-liquid microextraction combined with high-performance liquid chromatography [J] . Journal of Separation Science, 2017（40）: 3882-3888.

[128] Pirsaheb M., Fattahi N. Development of a liquid-phase microextraction based on the freezing of a deep eutectic solvent followed by HPLC-UV for sensitive determination of common pesticides in environmental water samples [J] . Rsc Advances, 2018（8）: 11412-11418.

[129] Zhao W.F., Jing X., Tian Y.Q., et al. Magnetic Fe_3O_4 @ porous activated carbon effervescent tablet-assisted deep eutectic solvent-based dispersive liquid-liquid microextraction of phenolic endocrine disrupting chemicals in environmental water[J] . Microchemical Journal, 2020（159）.

[130] Zheng H.B., Ding J., Zheng S.J., et al. Magnetic "one-step" quick, easy, cheap, effective, rugged and safe method for the fast determination of pesticide residues in freshly squeezed juice [J] . Journal of Chromatography A, 2015（1398）: 1-10.

[131] Jiang H.J., Huang X., Xue H.Y., et al. Switchable deep eutectic solvent-based homogenous liquid-liquid microextraction combined with high-performance liquid chromatography-diode-array detection for the determination of the chiral fungicide mefentrifluconazole in water, fruit juice, and fermented liquor [J] . Chirality, 2022（34）: 968-976.

[132] Li J., Dong C., An W.J., et al. Simultaneous Enantioselective Determination of Two New Isopropanol-Triazole Fungicides in Plant-Origin Foods Using Multiwalled Carbon Nanotubes in Reversed-Dispersive Solid-Phase Extraction and Ultrahigh-Performance Liquid Chromatography-Tandem Mass Spectrometry [J] . Journal of Agricultural and Food Chemistry, 2020（68）: 5969-5979.

[133] Li L.S., Sun X.F., Zhao X.J., et al. Absolute Configuration, Enantioselective Bioactivity, and Degradation of the Novel Chiral Triazole Fungicide Mefentrifluconazole [J] . Journal of Agricultural and Food Chemistry, 2021（69）: 4960-4967.

[134] An X.K., Pan X.L., Li R.N., et al. Enantioselective monitoring chiral fungicide mefentrifluconazole in tomato, cucumber, pepper and its pickled products by supercritical fluid chromatography tandem mass spectrometry [J] . Food Chemistry, 2022（376）.

[135] Xue H.Y., Jia L.Y., Jiang H.J., et al. A successive homogeneous liquid-liquid microextraction based on solidification of switchable hydrophilicity solvents and ionic liquids for the detection of pyrethroids and cadmium in drinks[J] . Journal of Food Composition and Analysis, 2022（110）.

[136] Altunay N., Elik A., Gurkan R. Monitoring of some trace metals in honeys by flame atomic absorption spectrometry after ultrasound assisted-dispersive liquid liquid microextraction using natural deep eutectic solvent [J] . Microchemical Journal, 2019 (147): 49-59.

[137] Lemes L.F.R., Tarley C.R.T. Combination of supramolecular solvent-based microextraction and ultrasound-assisted extraction for cadmium determination in flaxseed flour by thermospray flame furnace atomic absorption spectrometry [J] . Food Chemistry, 2021 (357) .

[138] Bi X.Y., Jiang H.J., Guo X.L., et al. Density-adjusted liquid-phase microextraction with smartphone digital image colorimetry to determine parathion-methyl in water, fruit juice, vinegar, and fermented liquor [J] . Rsc Advances, 2022 (12): 18127-18133.

[139] Jullakan S., Bunkoed O., Pinsrithong S. Solvent-assisted dispersive liquid-solid phase extraction of organophosphorus pesticides using a polypyrrole thin film-coated porous composite magnetic sorbent prior to their determination with GC-MS/MS [J] . Microchimica Acta, 2020 (187) .

[140] Muckoya V.A., Nomngongo P.N., Ngila J.C. Determination of organophosphorus pesticides in wastewater samples using vortex-assisted dispersive liquid-liquid microextraction with liquid chromatography-mass spectrometry [J] . International Journal of Environmental Science and Technology, 2020 (17): 2325-2336.

[141] Seebunrueng K., Santaladchaiyakit Y., Srijaranai S. Vortex-assisted low density solvent liquid-liquid microextraction and salt-induced demulsification coupled to high performance liquid chromatography for the determination of five organophosphorus pesticide residues in fruits [J] . Talanta, 2015 (132): 769-774.

[142] Peng G.L., He Q., Mmereki D., et al. Vortex-assisted liquid-liquid microextraction using a low-toxicity solvent for the determination of five organophosphorus pesticides in water samples by high-performance liquid chromatography [J] . Journal of Separation Science, 2015 (38): 3487-3493.

[143] Albishri H.M., Aldawsari N.A.M., Abd El-Hady D. Ultrasound-assisted temperature-controlled ionic liquid dispersive liquid-phase microextraction combined with reversed-phase liquid chromatography for determination of organophosphorus pesticides in water samples [J] . Electrophoresis, 2016 (37):

2462-2469.

[144] Jing X., Wu J., Wang H.H., et al. Application of deep eutectic solvent-based extraction coupled with an S-CQD fluorescent sensor for the determination of pirimicarb in cereals [J]. Food Chemistry, 2022 (370).

[145] Guo Y., Wang H.H., Chen Z.J., et al. Determination of methomyl in grain using deep eutectic solvent-based extraction combined with fluorescence-based enzyme inhibition assays [J]. Spectrochimica Acta Part a-Molecular and Biomolecular Spectroscopy, 2022 (266).